自由自在的重機騎旅秘笈

Heavy
Motorcycle
001

目錄 Content

書中部分圖片範例
為因應台灣道路行駛方向
有做翻轉處理

Chapter 1

真正體驗自由的感覺

一個人的摩托車旅行

不論是與朋友一同騎乘，
或是載著另一半出遊，
休旅騎乘的風格會依個人而有所不同。
而其中最簡單的形式，
就是接下來要介紹的「單人休旅騎乘」
騎士單獨一人與摩托車面對面、相互凝視、相互交談，
此刻將會有您彷彿熟悉，
但卻又陌生的世界存在。

TOURING ALONE
一人旅行

Touring Graphics Gallery

深夜的昏暗與清晨的昏暗不同
獨自一人的寂靜騎乘
將會讓您感受到微妙的光影變化

每當突然想要騎摩托車的時候，就是騎車的最佳時機，當想要一個人馳騁的時候，便是獨自一人騎乘的最好時刻。

凡是摩托車騎士，不論是誰都會遇到這樣的瞬間——只有摩托車與自己，非常地安靜。

光是這樣，就可以感受到很多事，眼睛、耳朵、指尖，專注用全身的神經感受，便可看見真正的自己。

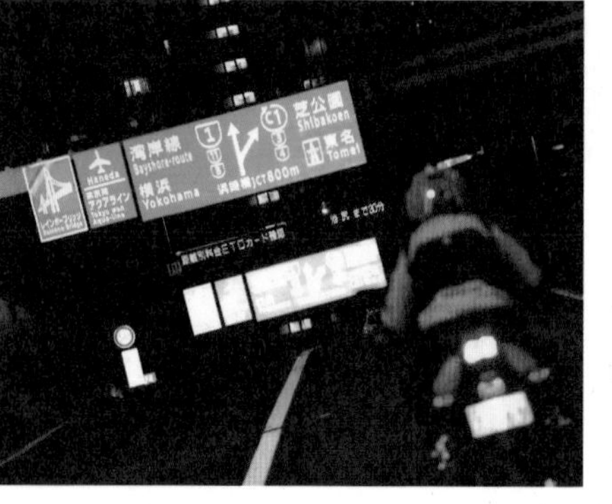

TOURING ALONE
一人旅行

Touring Graphics Gallery

即使是日常生活的一格
也非常地鮮明、美麗、躍進心中
就算不是如戲劇般的場景也無所謂
有摩托車陪伴，萬事足矣

隨心所欲地騎車奔馳，獨自一人來到海岸邊，大概在出發的瞬間，就已經決定要來這裡了吧！

並沒有想要做什麼，也沒有想要看什麼，不過是想順著原有的一切來感覺。就算沒有戲劇性的變化，也不會感到無聊。

TOURING ALONE
一人旅行

Touring Graphics Gallery

橫跨港灣的渡輪，將觀光的熱鬧喧嚷
與生活所產生出的沉重巧妙交織
途中沒有和任何人交談
消失在海洋與天空的細微人聲，讓人感到略為惆悵

圍繞著我的世界 現在只屬於我

緊閉雙唇，我一直沉默不語。耳裡聽到的，只有風切聲與街上的噪音，以及引擎排氣的聲浪而已。

所有的音量都由我在控制，隨著右手轉動的方式，音量會隨之變大，或是變小。飛逝而過的景色變快或是變慢，以及聲音、光線，都隨著我的意思在變化。

包圍著我的小空間，現在完全屬於我一個人，這裡沒有別人、沒有妨礙、沒有藩籬、沒有責任也沒有負擔，是只屬於我和摩托車的輕鬆時間。

從出發之後，我始終維持著沉默，因為可以感受到遠比語言還要濃密的物體，強烈地進入了我的心中。就像被它擠壓似的，沉積在自

己心中的沉澱物，也因此緩緩地流了出去。

心中開始進行循環，然後開始啟動。雖然稱不上「變化」，但與出發前已經有了很大的不同。

TOURING ALONE
一人旅行

Touring Graphics Gallery

心無旁騖地在公路上馳騁。擺脫一切羈絆，只想單純地奔馳。
越是前進，越覺得歲月累積的塵埃被過濾澄淨。
我所騎乘的不只是機械，而是反映出心中的明鏡。
一個人的摩托車旅行，總是獨自一人渡過時間。

一位騎士、一台摩托車，以有引擎的交通載具而言，是最低限度的單位，沒有比這更加簡潔乾脆的組合了。

不受其他因素影響的簡單風格，將自己毫不掩飾的展現。一個人所思考的事、感覺到的事、看到的事，由我自己來創造出屬於我的形式。

摩托車是不會造成妨礙的，雖然騎乘上是很困難、很花功夫的載具，不過跟它在一起並不會覺得辛苦。越是奔馳下去，與摩托車越是化為一體，右手的些微操作，身體的略微晃動，都會敏感地反映在摩托車上。

既不在我之上，也不在我之下，我怎麼騎，摩托車就怎麼奔馳。彷彿像是獨處，但又不是獨處。我與自己面對面，開始進行旅程。

所有的一切，都與我息息相關。不管發生好事，還是遇到壞事，都不是別人的錯。不會被拿來與他人比較，不會被別人的步調所困惑，可以自由、任意地，持續操控世界。

只屬於我的世界雖然很渺小、雖然沒有人能了解，但也沒有關係，就這樣保持沉默，奔馳下去吧。

我的「三大恐懼」克服術

初次獨自旅行充滿了不安
「要是摔倒了，該怎麼辦？」
「會不會迷路啊？」等等
許多負面的想法在腦中徘徊
但如果面對任何狀況
都能以冷靜沉著的心情應對
一定可以克服的喔！

成功的關鍵 在於莫慌張

「一個人單獨騎乘摩托車旅行真的很令人嚮往，不過因為充滿許多不安，所以一直沒辦法實現呢？」明明已經取得大型重型機車駕照好幾年了，從旁人的眼光來看，是一件聽起來很了不起（？）的事。

雖然別人總會下意識地認為旅行經驗非常豐富，不過若不是和可靠的同伴一起上路的話，還是會因為恐懼而無法成行。想來也是，單獨旅行某種程度上是伴隨著一定危險性的。不過現在重車越來越普及，獨自旅行也不是什麼稀奇的事。

那麼初學者為什麼會如此猶豫不決呢？「一般騎乘本身沒有什麼問題，不過一到要停車時就會慌張起來，如果有車子跟在後面的話，我會想著要快一點，而變得手忙腳亂。此外我也擔心

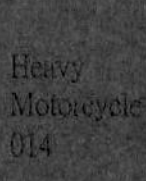

要是迷了路，無法到達目的地的話該怎麼辦。而且我又不擅長迴轉，常有人因為太慌張結果摔倒了不是嗎？」並不是「常常有人這樣」！在聽過這樣的說法之後，會發現總是在擔心如果陷入困境該怎麼辦。

如果一直思考負面的事情，那麼什麼事都無法起頭。只有透過實際上路操作來熟習，才能真正邁出克服恐懼感的第一步。

正因如此，接下來本書會精心解析一個人騎車出遊會遇到的問題，以及發生問題時該如何處理。最基本的是要保持平常心，不要讓自己太緊張，遇到困難時冷靜不慌亂才能確實解決問題。

就算考到了大型重機的駕照，不揪團是否就無法進行重機旅遊？如果是因為擔心自己經驗不足，那就太可惜了！

凡事總要經過嘗試，就算是重機旅遊也一樣。

只要一離開一般道路就會緊張起來！

好恐怖！

PART 1

在停車場最優先事項是確實取票繳票

在一般道路上行駛，對大部份騎士來說並沒有太大的恐懼感。確實，只要維持充份的安全距離，不要胡亂變換車道的話，便可以穩定安全地行駛。不過最在意的，是在支線上要匯入主幹道時的加速不足。因為主幹道上的車輛速度也不慢，從旁邊切入主幹道時一定要迅速

在停車場取票/繳票時，請將側柱踢出來讓車身穩定，之後再進行取票/收票，這樣就不用擔心傾倒了。不要太在意後面等候的車輛。

加速。如果不懂得拿捏加速減速的幅度，行駛時將會很危險，所以要特別注意。

再來就是問題所在的停車場。很多人不將車子熄火，而是以兩腳踮著腳尖的狀態將停車券收進口袋裡。「為什麼要在這種不穩定的狀態下取票呢？」「因為想要動作快一點，不要擋到後面。」這樣顧慮後面的車輛是沒有意義的！

在停車場要確實安全地取票進場或繳票出場，這是優先事項，要是失去平衡摔倒，不但自己有受傷的可能，還會造成其他車輛困擾，所以這樣是不好的。因此，在進／出停車場的時候，請用側柱支撐好車身使其穩定之後再取票。

【對策】

將引擎熄火　確實地停下

在停車場停住車子的時候，把引擎熄火再立起側柱是比較聰明的做法。這時要是將車打到空檔可能會使車身移動，因此請先將檔位打入一檔再熄火。不過不需要轉動鑰匙，直接使用按鈕將引擎熄火會比較輕鬆。

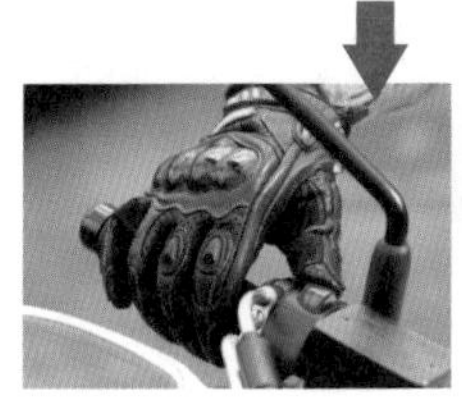

再發動時　要握住離合器

成功取票或繳票後，重新啟動引擎時請先將熄火開關回歸定位，將側柱踢起後握住離合器拉桿然後將引擎點火，這樣會比較順暢。確實做好這一連串的動作，便可以不慌不忙地完成整個流程。

高手觀點

戴著手套是失敗的原因

在閘門前停下，然後按下按鈕取票或是把票插入，停車場進場/出場的順序大致如此。雖然不是大不了的動作，不過要是嫌麻煩而不把手套脫下來，停車券可能會因不好抓握而掉到地上。所以就算多花一點功夫，也不要嫌麻煩，請把手套脫下來後再取票/繳票。

付費的時候　錢包和零錢要分開

支付費用的時候，如果錢包裡有鈔票又有零錢，效率一定不好。與其麻煩地從錢包裡拿出來，不如放在有防水材質、又可以確實閉合的口袋或是小包包裡，而且最好在出發前就先把必要的金額準備好。

要是迷路了該怎麼辦？

好恐怖！

PART 2

要是不清楚行進方向 請冷靜地用地圖 確認現在位置

「因為不認識路，所以很擔心會迷路」。不過只要不是當地人，無論是誰都不可能熟悉當地道路，所以任何人都有可能發生迷路的狀況。

不過，當迷路或走錯路時，新手最容易犯的錯就是胡亂左右轉，這在行駛中是非常危險的。此外，立刻停下來左顧右盼觀看四周，也

是沒辦法解決問題。

習慣旅行的老手騎士，會先將摩托車停在安全的地方，打開地圖確認現在位置。

只要能夠知道自己現在的位置，便可知道往哪個方向走可以到達目的地。因為不論是誰都可能迷路，所以重要的是在迷路的時候如何判斷狀況，並冷靜地處理。

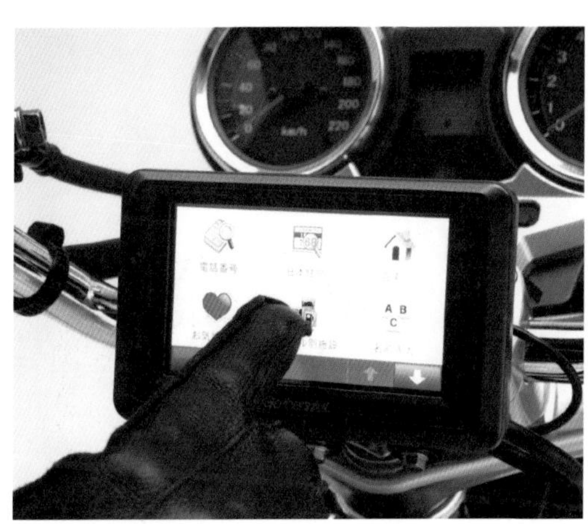

太過依賴導航是很危險的

最近很多人都裝有導航系統。有了導航就不需要傳統地圖，十分方便，不過使用導航很容易錯過轉彎時機。

而且太過依賴導航會產生只會照著導航路線走的後遺症。

Column

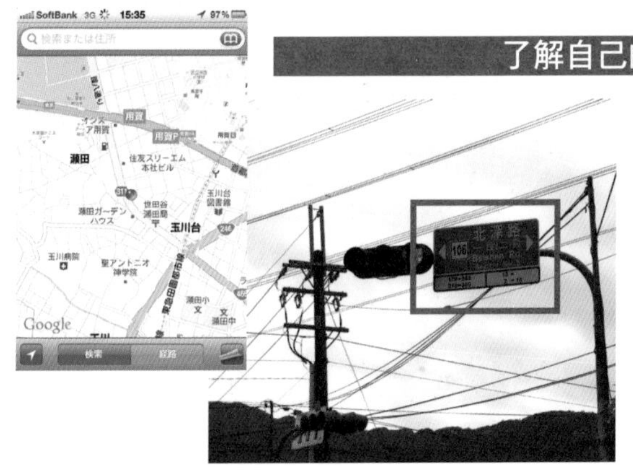

了解自己的現在位置

當迷路時，首先要先確認自己現在身在何方。要是不知道自己的現在位置，就沒辦法判斷要往哪邊走。如果是在市區，那麼大多會有門牌號碼；便利商店也會寫出是○○店，這也可以用來判斷。此外，智慧型手機都有GPS功能，所以也可以用來確認現在位置。

那麼，要怎麼樣做才可以避免迷路呢?首先，在出發前就要把地圖上的大致路線記起來。

舉例來說，規劃一趟環半台之旅，要從台北走台二線到到宜蘭，進入宜蘭後轉進台七線（1）並接台七甲線（2），到達梨山後轉台八線（3），走到大禹嶺轉台十四甲線（4）直到仁愛鄉接台十四線，到埔里再轉台二十一線（5），走到底接回台八線（6），最後於東勢轉台三線（7）回台北。路線看似複雜，但只要記下括號中須注意的地方，其實是很單純的。

要是真的迷路了，請不要把摩托車停在路邊，騎到空曠處並在該處確認位置。如果附近有店家的話，就比較容易了解這是什麼地方。

高手觀點

下匝道後的岔路容易讓人迷路

離開快速道路後，常會遇到交叉點或十字路口。在這邊常常會迷失方向，很多人會順著車流走而走錯路，這樣的錯誤是大家常犯的。

如果發現迷路時，請先停在安全的地方，利用地圖來確認方位。

為了不迷路的

【迴避術】

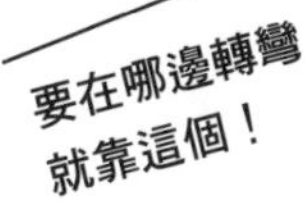

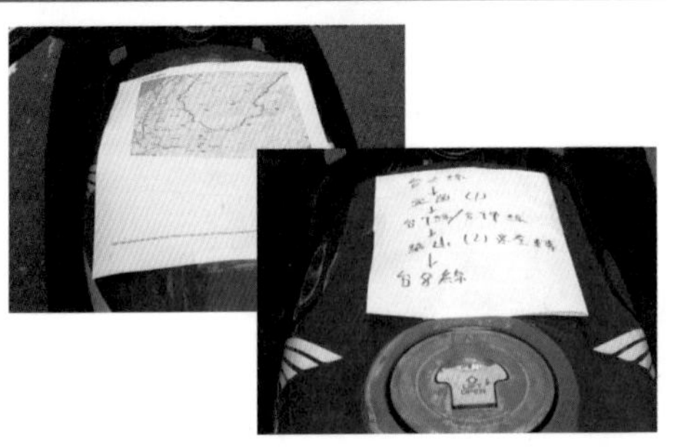

將轉彎地點寫在紙上並貼在油箱上就不會走錯路了

把地圖放進油箱包的透明袋裡並隨時確認行駛路線，是以前常用的方式。最近因為導航系統日漸普及，這個方法變得比較少人使用，不過這依然是很方便的方法。將這個方法加以活用，將顯示出轉彎時機的地圖或是自製的路線圖貼在油箱上，也是可以有效防止走錯路的方法。

把握住路線的全體走向

在獨自旅行時，應該都會事先確認地圖上的路徑。這個時候不要只是光看，應仔細閱讀並熟記如轉彎重點的路口名稱、道路周圍狀況或是沿著河川走之類的情報。若將路線全體走向記起來，便可以降低迷路機率。

迷路之後的

【對應法】

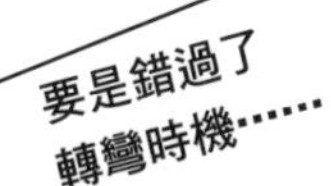

在廣場等　空曠處迴轉

想要回到原本的方向，直接迴轉是最快的方式。不過在車輛往來的馬路上掉頭，還是有一定程度的風險。既然如此，就移動到有空曠廣場或停車場的地方再進行迴轉，這樣就可以安心了。

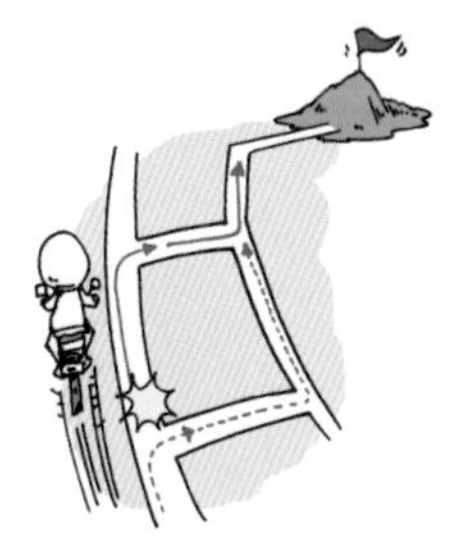

往前再轉彎

若是錯過該右轉的地方，也可以在下個路口右轉。如果是像上圖一樣的狀況，由於要轉彎的道路只有一條，所以沒有問題。如果因為害怕迷路而不想走小路，可以稍微前進到大路再轉彎。

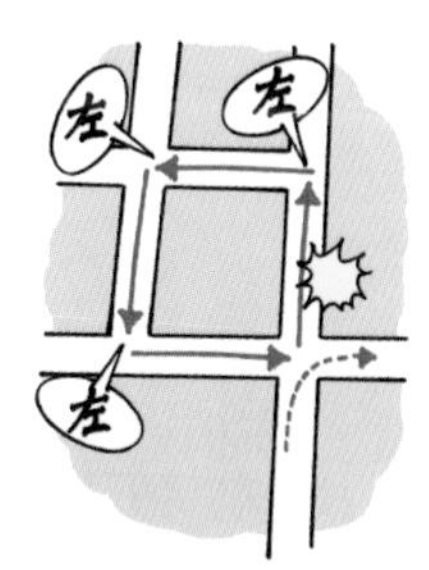

左轉→左轉→左轉＝回到原點

當錯過應該右轉的地方，不需要勉強進行迴轉，利用左轉三次的方式轉回目標道路是比較令人安心的方法。雖然這會因為道路狀況而有所不同，不過對於不擅長迴轉的女性騎士來說，是比較推薦的方法。

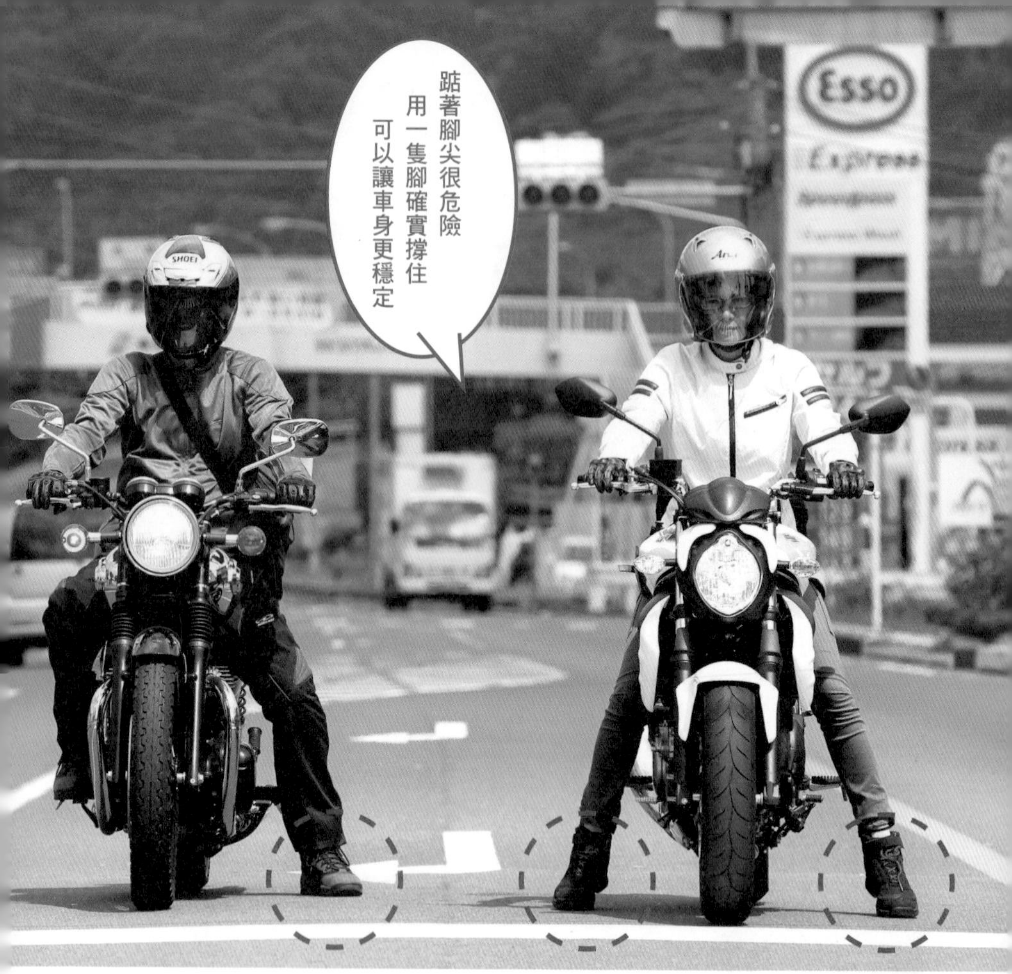

踮著腳尖很危險
用一隻腳確實撐住
可以讓車身更穩定

停車時 車身會搖搖晃晃！

比起用兩腳腳尖支撐 單腳踏穩比較安全

不只是不熟悉摩托車操作的騎士，就連老手也會因為疲勞的累積，或是注意力散漫等情形下，在等紅綠燈時讓車身搖晃，如果是身材較矮的女性騎士更會容易出現這種狀況。一般在平常的騎乘狀態下就會發生這種問題了，更不難想像單人旅行時為什麼很害怕倒車了。

「與其用兩隻腳的腳尖支撐，不如以單腳踏住地面比較穩。一不過有些人會覺得：「記得有人告訴我，如果只用一隻腳的話有可能會往反方向倒下去，感到害怕的話就不要勉強，用兩隻腳支撐比較好……」。

就像剛才說的，雙腳都伸出去可以得到安全感倒也無妨，不過如果是用兩隻腳的腳尖去撐住車子，車身便會微微地左右晃動，要是不小心晃動幅度太大，就會有直接倒下去的危險。因此雖然只伸出一隻腳，不過要是穩穩地踩在地面上，車身將會安定許多。

如果騎士的身材比較嬌小，要大幅傾斜車身才能讓單腳踩在地面上，可以是試試看把臀部移出來一點，這樣便可以讓車身不至於傾斜了。

【迴避術】

先行預測

減少在路口停車的次數

如果不喜歡停車時搖晃的感覺，只要減少停車次數就可以了。換言之，只要配合綠燈的時機行駛就可以了。關鍵就在於行人穿越道的燈號是什麼顏色，若是正在閃爍或是變紅的話，就代表馬路的紅綠燈要從綠變黃了。

利用人行道的高低差

用單腳支撐

在右側有人行道之類的設施時，可以利用其高低差來用單腳支撐住車身。雖然需要移動到道路的最旁邊，不過總比因搖晃而覺得危險要來得好。

【 對 應 法 】

不要用兩腳撐地，試著以單腳採穩

「要是搖晃的話恐怕會傾倒！」有不少騎士都會因為這樣的恐懼感，而在等紅燈時將雙腳都伸出去支撐。不過要是雙腳都用腳尖著地，支撐的穩定度會不如單腳穩穩踩住地面。

重點就在於移動腰部

「沒有辦法用單腳踩住地面！」如果是這樣的人，只要移動一下腰部便可以踩到地了。或許一開始會覺得很難辦到，不過在確認安全無虞之後，可以試著做做看。

在停車瞬間轉動龍頭
便可以輕鬆地用單腳支撐

摩托車會稍微往龍頭轉動的反方向傾斜，只要利用這個特性，在停車的瞬間把龍頭往右邊稍微切一點，車身便會往左邊傾斜，再用左腳去支撐即可。重複這個動作，便可以養成用單腳支撐的習慣了。

重點就在於將龍頭往右切

停車的時候用左腳支撐乃是基本重點，即使是習慣兩隻腳都伸出去的人，只要在停止的瞬間將龍頭稍微往右切，便會因為車體左傾而自然地伸出左腳支撐。

在緊急時　容易出現平日習慣！

在停車場準備切入道路的時候，如果有車輛迅速接近而緊急煞車，為了車身平衡您會伸出雙腳還是單腳呢？

平常會伸出雙腳的騎士在這時便會伸出雙腳，不過這時有可能已經要失去平衡，所以有很高的機會因撐不住而倒車。所謂習慣就是越在緊急時越會展現出來。

只要熟悉之後，就能漸漸享受旅行的樂趣

在經過發問、剖析及解答後，各位讀者有沒有豁然開朗呢？其實光是明瞭解決知道還說不上是成功，真正的成功是要在跨出第一步後才開始的。重車旅遊並沒有想像中的困難，任何老手都是從新手開始的，當他們剛考上駕照時也會有相同問題，在經歷許多嘗試後，才能歸結出這些讓新手不敢嘗試獨自旅遊的癥結點。由於每個人騎乘習慣的不同，所衍生出的問題也不同，因此等到成為老手後，除了新手所困擾的疑惑外，也能整理出具有自我風格的問題解決法，這些都是智慧結晶所在。

跟團旅遊過後，也來一趟單人旅行吧。

許多擔心都只是存在於自己的腦海中，建議經過短程嘗試後再歸類自己所困擾的真正問題點，再詢問高手自身的經驗。

某日旅行途中…
終於踏上計畫已久的旅程
不過又是塞車、又是下雨
預定行程變得亂七八糟
這樣的經驗您有過嗎？

這樣的經驗意外地常發生

旅行本來就是不會「照著計畫走」?!

不像搭乘火車或飛機，有既定的時刻表摩托車旅行的行程，常因為天候變化與無法預期的情況而被打亂完全無法預測發展，就是摩托車旅行的重點！

即使遇到意想不到的事 也要保持輕鬆心情

現在回想起來，我幾乎沒有進行過完全按照當初預定計畫的旅行。首先，準時到達目的地的情況就從來沒發生過，因為道路與交通情況隨時在改變。而且還會遇到不可思議的傾盆大雨而狀況而滿腹怒氣，身體可是會受不了的。相反地，應該要期待無法預期的狀況，在旅遊時放鬆心情，與其什麼事也沒發生地結束旅程，遇到各種好事壞事的豐富旅行反而更能讓人再三回味。

不過，因為自己的失誤所造成的意外事件必須要極力避免。舉例來說，因為迷路而使時間大幅延長，或是因為慌張著急使操駕方式變得粗暴進而引發事故，諸如此類的意外是不能允許發生的。要是因為疲勞失去集中力，也會造成駕駛上的障礙，如果真的感到疲累，即使趕不上預定行程，騎士們也應具備判斷何時該休息的能力。

旅行常常會因為外力因素而使預定計畫被打亂。理解這點，懷抱著寬廣的心，讓旅行中的意外成為整個行程的潤滑劑。不過要是因為自己的緣故而打亂行程就太遺憾了，所以保持平常心是旅途中很重要的一點。

【交通因素】

因為車禍而大塞車

騎在快速道路上的時候，常常會遇到塞車，這樣的情形在假日時已經司空見慣。此外，平常不塞車的道路有時也會因為事故或災害而陷入大塞車的窘境。這時就算心急也沒有用，保持平常心吧。

【意外的大雨】

突然且局部的豪雨

旅程中要是一直都是晴朗好天氣，真是非常幸運的事。但要是天候遽變降下傾盆大雨，也並不令人意外。連雨衣都來不及穿就渾身溼透，躲雨不但浪費時間，溼滑的路面也會讓行車速率下降。因為突發狀況而打亂事前預定是家常便飯。

【距離問題】

目的地比想像中還遠…

地圖上距離目的地還有30公里，以距離來計算的話大約還有30～40分鐘的路程。不過到了現場才發現路不僅彎曲而且很小條，別說30分鐘，一個小時可能都還到不了。

【時機問題】

預定要去的店　突然休息

「這次放假要去吃黑鮪魚喔！」興致高昂地出發。可是卻碰到不是公休日的休息，這時可是會讓人傻眼，覺得「怎麼會這樣」。不過冷靜地想想，店家在營業時間上本來就不能配合顧客。

【走錯路】

發現時已經迷路了

因為導航系統普及，使得人們可以更順利到達目的地，不過還是會有迷路的時候。有時會發現「咦？這邊剛剛走過了。」要是走錯路的話理所當然會造成時間的浪費，所以這時請考慮刪除預定的行程吧。

【身體的疲勞】

騎一整天下來　非常累！

騎車時常常會因為天候或是交通意外而讓身體產生意想不到的疲累，即使沒有那些狀況，騎車一樣是一件很累的事，累積疲勞的話會對駕駛行為產生障礙，即使趕不上行程了，好好地休息也是旅行時不可或缺的要素。

【注意力散漫】

漫不經心地忘了東西

「唉呀，相機不見了！」要是遇到這種情況，心情肯定七上八下。接著折返回去，在每個苦能遺忘東西的停留點尋找。要是注意力不集中的話，旅行的預定就會像這樣大幅度地打亂。

【時間管理】

待得比預定時間久

旅行時常因很快樂，就不自覺地待了許久，等到注意到的時候，天色已經暗下來了。要是硬拖著疲累身軀趕夜車，會增加危險。因此無論再怎麼興奮，都要做好時間上的管理。

【身體狀況不佳】

山頂比想像中還要寒冷！

有時會突然肚子不舒服或是發燒，特別是在高海拔的地方騎車，常會因為意外的低溫使得身體出狀況。如果感到有點不舒服，就不要勉強，踏上歸途吧。

【摩托車出問題】

意外地發生爆胎

如果平常都有確實保養車輛，在旅行的時候應該不會發生問題。不過要是爆胎或是翻車的話就必須要修理了。依據情況，有時也要做好呼叫道路救援的心理準備。

THE EXCUSE SOLO TOURING

衝動地想騎車奔馳
踏上旅途的五個理由

生活在複雜交錯的人際關係之中
那些固然非常重要，不過偶爾也需放下一切
這是關於獨自一人騎車的5個小故事

被每秒變化的光芒
以及新鮮空氣所包圍

並不是在前一天有發生什麼討厭的事，但不知為何想要輕鬆一下，讓身體暴露在早晨清爽的空氣之中。

早起並非我擅長之事，不過騎摩托車就另當別論了，在早上鬧鐘響起之前，我就已經做好準備了。摩托車的坐墊十分涼爽，坐起來相當舒服。悄悄離開寂靜的市區，往山上駛去。四周充滿了在晚上充份被冷卻，卻又因太陽升起而變暖和的空氣，將我和摩托車包圍住。

慢慢地騎乘，讓我可以聽見鳥兒的鳴叫，可以感受清爽的涼風，可以看見緩緩飄蕩的白雲。一個人都沒有，這是一天中最寧靜的時刻。一切的一切，由我一人來承受。在這個全世界都屬於自己的高揚感中，同時可以感受到虛無的寂寞。但是，整個人確實地清爽起來。不知何時，包覆在身體與心靈表面的厚重外殼，開始逐漸剝落。獲得了新生的皮膚以及全新的感觸，感受到早晨空氣給予的新鮮氣息。

專心地過完彎道，我在視野較好的地方關掉引擎，伸了伸懶腰，馬上又跨上摩托車，啟動引擎。將每一秒都在變化的光線顏色拋諸腦後，迅速地踏上了歸途。

晨間的騎乘總是匆匆忙忙，因為一定要趕上從白天開始的現實世界。將油門稍微催得用力一點，在充滿了氧氣的空氣中，引擎發出喜悅的清嘯。想到自己是一個人，只要照著自己的步調來騎乘就好了，於是我馬上收油，慢慢地騎下山去。凜冽而緊張的空氣，一點一點地變得溫暖、變得緩和。

因為沒人看著我，所以我不需要太努力，只要放鬆地、隨意地行騎乘就可以了，沒有「好丟臉」，也沒有「好難看」，只有我和摩托車而已。迎向早晨的朝陽，我回到了充滿溫暖空氣的市區。眼前司空見慣的景物依舊不變，不過沒有關係，因為我已經改變了。

在清晨前往高地，
可以欣賞雲海作為早起的獎勵。

SOLO TOURING THEME 01

晨跑

脫去包覆身心的外殼
呼吸凜冽的空氣
我與愛車一同向前奔馳

早晨的山嶺幾乎沒有任何人，一面體驗自然所演奏的寂靜熱鬧，一面創造出自己的步調。

在過彎時時而積極時而鬆弛，只要按照自己的意思騎乘就可以了。

不想失去 對人的單純好奇心

他，在325公里外。從來沒遇過他，從來沒看過他，卻已和他十分熟稔。為了要見他，承載著各式各樣的思緒，騎著摩托車往前奔馳。藉由Twitter與Facebook而認識他，雖然只有文字間的互相往來，但不知為何氣味相投，相處非常地快樂。不過，這只不過是表象而已。網路上的他與現實生活中的他，說不定是完全不同的人。

他的樣子如何？他的聲音如何？我完全不知道。即使如此，因為「想見一面」，而跨上了摩托車。人從一生下來，就對人有著單純又強烈的好奇心，從最初「他會是怎樣的人啊」這樣的關心，最終發展成穩固的友情與深刻的愛情。現在，藉由網路，相遇的機會增加了。也許只是表面的往來也說不定，或該有可怕的危險藏其中。一面與現實的他縮近距離，我一面這麼想著。人與人增加了相遇的機會，本來絕對不是一件壞事。獨自騎乘摩托車時，有時也會與其他人相遇。但相遇是有風險的，如果能夠超越那份風險，便能獲得智慧、經驗及勇氣。就連摩托車也是一樣，如果不是有作好接受風險的覺悟，我是不會遇見這麼棒的交通工具的。

在325公里外的他，是田中央一間小酒店的老闆，他用笑臉與笑話來迎接我，就像是年幼時的朋友一樣。在孤獨的旅程後等待著的，是人與人之間的羈絆相互連結，那是至高無上的一瞬間。

沒有和他約定下次何時見面，只是用些家常話與他道別。小酒店孤立在水田中央的風景，深刻地刻劃在我心中。反正有朝一日還會再見面的。那時，我也將一人獨行。

02 素未謀面的朋友

SOLO TOURING THEME

獨自旅行
也是與人相遇的旅行
透過網路認識
前往同好的所在地

穿越時間與空間，
人與人聯繫在一起。

即使沒有面對面，人與人還是可以互相認識。當然，這還是無法與實際碰面相比。我與他握手道別，雖然沒有用語言約定，不過這是約定下次再重逢的象徵。

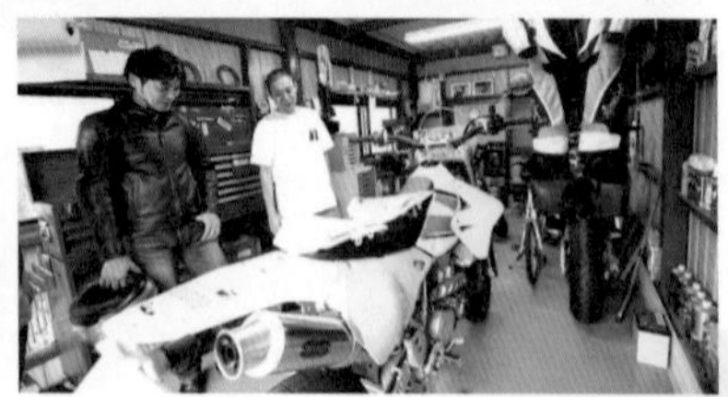

雖然喜好略有不同，不過兩個人同樣都是「騎摩托車的」。和他一起小跑，光靠文字無法傳達的個性，明確地展現了出來。

來回650公里的路程，交織了來時的期待感與賦歸時的鮮明感動。

獨坐店內，
品嘗被時間所包圍的幸福。

03
SOLO TOURING THEME

一杯咖啡

爵士樂與咖啡香相互交錯
不被任何人打擾
此刻充滿價值

委身於咖啡廳中的聲音與香味

有時候，不知道為何，就是想奢侈一下。並不是指要一擲千金，也不是要浪費很多時間。只是想在平時的諸多束縛中，從無法稱之為「自由」的框架中，過一過覺得「這樣好奢侈喔」的日子。那一天，我前往海岸旁的咖啡廳，只為了要在那間可以望見寬廣海洋的店內，啜飲一杯咖啡。於是，我跨上摩托車奔馳。

侈，但我自己卻感到相當滿足。往前奔馳的時候，腦海中並不光想著那茶褐色的液體。騎車意外地有些無趣，不過想喝咖啡的念頭，讓我繼續騎下去。雖然一面想著這些有的沒有的，不過心情十分輕鬆。或許那是因為正前往想去的地方、做想做的事情的緣故吧。就這樣到達咖啡店之後，老闆娘看著我，在問我要點什麼之前換了店裡的音樂。那是爵士樂中最經典的曲目，Art Blakey & the Jazz Messengers的「Moanin」。

Moanin。嘆息、呻吟。這首曲子並沒有把黑人歧視的苦痛帶入黑暗之中，反而刻劃得十分輕快，與我現在的心境十分契合。說實在的，這樣就十分令人滿足了。老闆娘光看到我，就把音樂換成與我最契合的爵士樂，再也沒有比這更奢侈的事了。

終於送上來的瓜地馬拉咖啡，更是增添了奢侈度。芳醇的香味在窗外吹進來的海風中飄散，恰到好處的酸味讓我不禁飲了第二口。一面將身子沉浸在爵士樂中，一面喝著咖啡。

這已經不只是聆聽和飲用這樣單純的行為。在不知不覺中，已經靜靜地昇華成無論任何人都無法觸手可及的自我滿足了。

應該要有的東西，很自然地持續存在於那裡，不單是因為懷念，而是因為理所當然而讓人感到歡喜。

茶褐色的液體充滿魅力。
在哪裡喝？要怎麼喝？
依照狀況的不同，
咖啡的風味也會增添層次。

咖啡店內，
是時間流動緩慢的另一個世界。

騎摩托車本身就是一件特別的奢侈。在任何契機下都可以騎車馳騁。

04

SOLO TOURING THEME

回憶之地

父親教導我一人獨處的意義

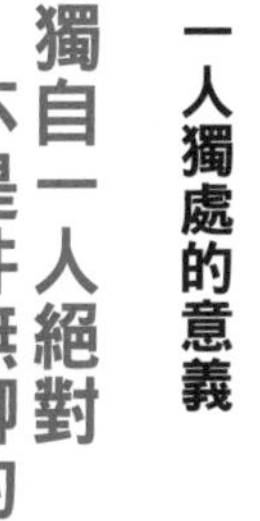

獨自一人絕對不是件無聊的事

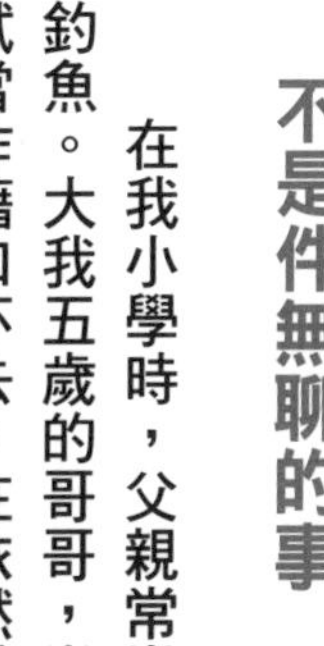

在我小學時，父親常常帶我去釣魚。大我五歲的哥哥，常常以考試當作藉口不去。在依然昏暗、天空中還有星星高掛的早晨，我和父親兩個人帶著釣具出門。這是我很喜歡的一件事。

水桶整齊排列的漁港，
非常地安靜，
空氣中飄著淡淡的魚腥味。

到了漁港之後，我們馬上開始釣魚。父親總是說：「魚在早上和傍晚是最好釣的。」當日頭高掛的時候，他就把釣竿放在旁邊，開始畫圖。

沒有事做的我，便開始在漁港中漫步。港內交雜著鐵鏽與潤滑油的味道、打在堤防上發出沙沙聲響的浪潮、從天上灌注下來的鳶鳥叫聲。逗弄貓兒，投擲石塊，我排遣著異常無聊的時間。

其實一點都不無聊。因為我知道像現在這樣一個人騎著摩托車造訪漁港，所有的事物都刻劃出鮮明的記憶，成為了我的基礎。

父親為了畫圖而把我丟在一旁

在防波堤上作了一整天的日光浴，
身心得到充份的溫暖。

。不過即使這樣，也是無可取代的。父親說「要成為可以忍受孤獨的人」，小時候我只認為是父親甩開我的藉口，不過現在我了解這句話的意思了。

人總有一天會碰到必須一人獨處的時候。那是非常無聊、非常孤單、非常可怕的時候。但這不一定只有壞事，一個人生存下去是人類的出發點。

父親教導我，要確實地面對自己。而今父親已經不在了。我獨自一人騎著車，前往昔日與父親一同造訪的漁港。

孩提時代看慣的風景，長大後重新再看時，千頭萬緒湧上心頭。應該沒有任何變化的景色，看起來卻相當不同。

一整天幾乎都拿著畫筆的父親，在太陽西沉、天色昏暗之際，再次拿起釣竿。

都市的夜景，
將人們的活動映照得如此炫目。

光與暗的協奏曲
是都市對人施展的魔法

看見看不到的東西
看不見看得到的東西

黑暗，是讓光線浮現出來的關鍵角色。它讓各式各樣顏色的光線浮出，讓多餘的東西沉下去、變得看不見。

這裡，只有摩托車與被路燈照亮的路面。嚴苛的奔馳舞台引誘著騎士，是非常適合一個人的場合。當然，城市並非賽道。我壓抑著想要比平時更加狂催油門的右手，將意識集中在隨時間更增加亮度的街燈上。

一片寬廣的，是與白天時截然不同的景色。看不見的東西變得看得見，看得見的東西反而看不見。雄壯又美麗的魔法，施展在整個城市之上，充滿了幻想色彩。

都市快速道路是讓人越夜越想奔馳的舞台。
除了車流量減少，絢麗的夜景也十分吸引人。

這個魔法，並沒有在摩托車上施展。摩托車是很現實的載具，要怎麼動，全憑騎士來決定。不論夜晚白天，無關明亮昏暗，這一點絕不會改變。摩托車就是平順地、淡淡地，遵照指示而行動，非常精密的機械產品。但我就不是如此。任何一點小事都會動搖我的心，而那份動搖會表現在身體上。一年之中有三百六十五個夜晚，雖然並不特別，但也絕不普通。

交通的節奏比白天還要快速，不只是因為車流量變少，而是人的身上被施展了夜晚的魔法。

就算只有一點點也好，我想要充滿力量的右手。規則也好、常理也罷，想從這些看不到的規範中稍微掙脫，如果在夜晚之中，是會被允許的吧。摩托車遵照我的指示，提升了引擎的轉速。

聆聽著劃過道路的輪胎聲，深深地吸一口氣。獨自一人的夜晚，還很漫長。

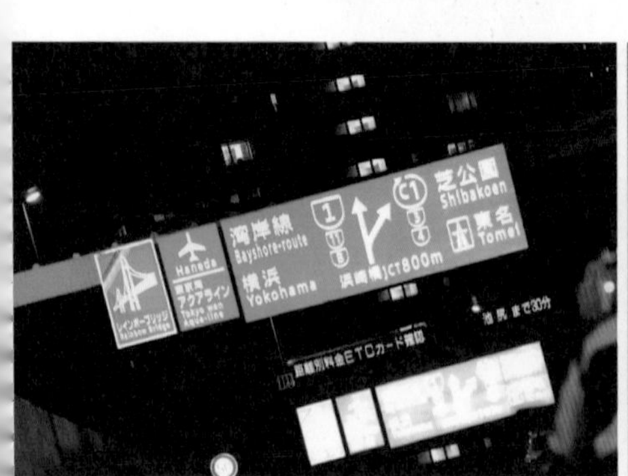

在快速道路疾馳的光影中，自己不斷奔馳著，一邊照亮別人、一邊被照亮。支撐大都會的交通動脈，在現在這一瞬間成為自己獨自夜跑的場地，還得注意不能讓自己失去自制心。

Chapter 2

一次搞定行車煩惱

行車問題解決大補帖

輪胎漏氣、電瓶沒電、機油不足、迴轉、原地倒車……各種行車煩惱一次搞定

騎車時總會碰到些疑難雜症，騎士的煩惱就是如此無窮無盡，本書就特別整理騎士們最傷腦筋的「冏事」，告訴大家防患未然和萬一碰上時的對應方法，只要知道這些小撇步，騎車出遊時無論碰到什麼問題都能輕鬆解決。

騎到一半沒油
也只能先停在路邊
只要記住
書中介紹的訣竅
這種煩人的問題
就可以及早預防！

第1名
輪胎漏氣

只要機車還是用輪胎在道路上奔馳，就100%無法防止輪胎漏氣的情形發生，為防患於未然，事前的準備非常重要。

第2名
電瓶沒電

只有偶爾才騎的機車，電瓶就常會出現這樣的問題。不過這樣的情形只要有做日常的檢查，也一樣能輕鬆解決。

第3名
沒油

人為小問題中最常發生的就是沒油。只要能掌握愛車的油耗和預備油箱的容量，就能讓這意料外的問題迎刃而解。

行車小問題篇
BIKE TROUBLE

第4名
髒污問題

不知道該如何讓愛車保持光鮮如新的你，只要掌握小小的訣竅和配合一些化學藥劑的使用，就能讓你的愛車像新買的一樣。

第5名
機油不足

機油可說是機車的血液，要確實地做好機油的管理，先行理解機油的特性是最好也最快的捷徑。

第1名 迴轉

所有騎士都視之為畏途的迴轉，只要稍稍掌握其中的訣竅和不斷的練習，就能避免轉倒的意外輕鬆完成迴轉。

第2名 牽車進退

要駕馭200公斤以上的重型機車，就算要靠力量來牽動也有個限度，其實只要瞭解車子的特性，一樣能輕鬆駕馭。

第3名 轉左彎道

覺得左轉困難是理所當然的，並非不斷地練習就有用，先瞭解為何困難才是最佳的解決之道。

操控問題篇

BIKE OPERATION

第4名 小轉彎

近代的機車馬力和扭力都強，在路口轉小彎時離合器的瞬間操控動作，在這時候就變得非常重要。

第5名 原地倒車

原地倒車不只造成車子的傷害也帶來心理的創痛，最重要的就是立足點的穩定以維持安定感。

TROUBLES

從問卷調查看到的實際狀況
行車問題自白書

在傳授各位行車問題防禦術和駕馭機車訣竅前，先在這裡公開大家曾經碰過的問題實例，你是不是也曾遇到過相同的問題？

原因在於偏磨耗

輪胎的偏磨耗竟然對操控有這麼大的不良影響，一大堆問題排山倒海而來。不過換了輪胎後一切問題迎刃而解。

—新竹市—潘先生

自由奔放的後照鏡

騎在快速道路上後照鏡的螺絲突然鬆脫，鏡子一直轉來轉去的，只好邊扶邊騎。天哪！超驚險的！

—新竹縣—吳小姐

莫名奇妙地吞下一隻蟲

邊騎車邊唱歌，一隻蟲就這麼突然飛進嘴裡，害我錯過了下閘道的時機。

—高雄市—陳先生

騎在高速道路上突然下起大雨……

想停車卻又不能停……

—花蓮縣—吳先生

濕的不是我……

在雨中的淡水出遊，不過濕的不是自己，而是帶在車上準備換洗用的衣服。

—新北市—李小姐

完全給它忘掉了

把安全帽直接鉤在車牌架附屬的鉤子上沒拿下來就移動車子，結果把坐墊給勾壞了。

—台中市—程先生

經過一番努力得到了反效果……

脫下安全帽的時候手滑了一下，就這麼從手上滑落，努力讓它不掉落拍了又拍，安全帽彈得老高結果還是沒接到……。

—新北市—楊先生

好貴的一句話

騎機車回到家門前，妻子好像對我說了什麼，因為實在聽不清楚就下了車走上前去，就在這一瞬間車子倒了，而且還砸在自家的轎車上。然後才知道妻子對我說的是：「你回來啦！」

——台南縣—曹先生

喀嚓嚓

你回來啦～～！

空中飛來擊胸包

把磁盤式油箱包裝在愛車上，騎在花蓮的公路上時，油箱包就這麼脫落直擊我的胸膛。

——台東縣—張先生

即席越野車

在田邊的縣道上騎著騎著突然出現了道路施工的區段，就這麼陷入深深的沙礫堆道路中，雖然總算平安通過施工路段，但腳卻抖了好一陣子才停止。

——澎湖縣—金先生

煞車拉桿骨折

在出遊目的地的一個山坡坡頂附近摔車，前煞車的拉桿和有後煞車的右側腳踏整個壞掉。用樹枝當作煞車拉桿的固定樁，好不容易才下了山坡。

——彰化縣—王先生

沒磨到膝蓋 磨到了置物箱蓋

在R1200RT的側置物箱裡放了太多東西，騎著騎著箱蓋開了也沒發現。來到左彎道上，聽到了什麼東西的摩擦聲時，才發現到……。

——嘉義縣—郭先生

冷冷的夏天

今年夏天穿著排汗襯衫騎車，突然遭遇豪雨，身體從裡到外全濕透了。雨停之後，繼續前進，因為是排汗衫的關係非常透風，在逆風下騎乘真是冷到最高點，雨具果然是必須隨身攜帶的物品之一。

—桃園縣—蒲先生

就算出了錯 也只會往肚裡吞的人

【瓦哥＋ZEPHYR1100】

騎在國道406號（鬼無里街道）時，還差十公里就到長野縣白馬村的地方，煞車踏板突然感覺變鬆了，看來是因為後煞車使用過度的關係，還好是在上坡路段所以沒什麼問題，如果是在下坡髮夾彎前的話，還是會讓人害怕呢。

過去 曾經是個超級新車殺手

【莎莎＋CB400SS】

正打算進停車場卻因剛下雨煞車煞不住，就直接衝上人行步道的花圃裡轉倒。沒把側腳架收好就直接牽著車要走，腳架碰到凹凸不平的地方，就向著反向倒車，過去的愛車CB因此是傷痕累累，就連廣告用車也受害無數。（反省）

還是大錯不犯 小錯不斷的人

【中村＋XB12Ss】

最容易讓人疏忽的小問題是尾燈爆掉，而且我的愛車已經兩次發生這種情形。如果騎上車前仔細做過檢查就不會有這種問題，真搞不懂自己怎麼會這麼懶惰。照明類的裝置如果壞掉會被當成取締對象，大家千萬要小心才行。

其實已經 把愛車給放棄的人

【小歐＋VMAX】

這是某天通宵趕工的隔天早晨所發生的事，跨上剛買的VMAX（現在是剛賣掉）正打算回家的時候，只不過因為稍稍失去平衡，但因工作而變得越來越差的腰力，完全無法抵抗車子的重量就直接摔車。

看來 還會繼續不斷失敗的人

【小清＋MONSTER696】

通過收費站正打算加速和大家會合，就直接把油門給灌下去，車子就這麼轉了一大圈，這時心中抹過一絲的不安，還在想是不是真的能轉得過去，眼睛卻是直盯著外側的護欄。

TROUBLES

困擾騎士的行車小問題TOP5

感覺車子騎起來不太對勁，下車一看才發現輪胎已經磨平了；正打算出發旅遊時，引擎卻發不動。

碰到以上問題，無論是誰都會臉上三條線、窘到最高點，但成熟的騎士一定會平心靜氣地去處理。

行車小問題篇
BIKE TROUBLE

第1名

讀者票選 36 票

輪胎漏氣

不管再怎麼小心注意，還是無法避免輪胎漏氣的可能性，為了能繼續向前行。也為了能平安踏上歸途，務必要確實明白解決的方法，尤其是有內胎車的車主千萬要看仔細！

基礎知識 PART_01

會漏氣的　幾乎都是後輪

詢問過有輪胎漏氣經驗的騎士，爆掉的輪胎幾乎都是後輪，幾乎沒聽說過有前輪漏氣經驗的。其實掉落的釘子或玻璃碎片，大多數都是「平躺」在馬路上，所以前輪即使壓過去，大多都不會有問題。

不過當前輪壓過後會把釘子給撈起來，很剛好地「直立」在馬路上，又好死不死地被後輪給壓過去，釘子就這麼刺進了輪胎。就像是「機率」和「運氣」的問題，不過後輪漏氣的機會較大，就是這個原因。

平躺在路上的異物被前輪輾過後彈起，很剛好地站了起來，又很不幸地刺入了通過的後輪，這就是造成輪胎漏氣的主要原因。

有內胎輪胎和無內胎輪胎漏氣的情況不同

近年的鑄造單片式輪圈車基本上使用的都是無內胎輪胎，輪圈和輪胎是密閉式構造，為防止輪胎內側的空氣外漏而貼了一層薄膜，所以在被異物刺入的狀態下空氣也不會外漏，即使將異物拔起，空氣也不會立刻漏掉。相反地，越野車或鋼絲輪圈車大多都是有內胎輪胎，被異物刺入時空氣會立刻從內胎和輪胎間的縫隙漏出，更會從氣嘴、輪圈、鋼絲的縫隙間漏出。

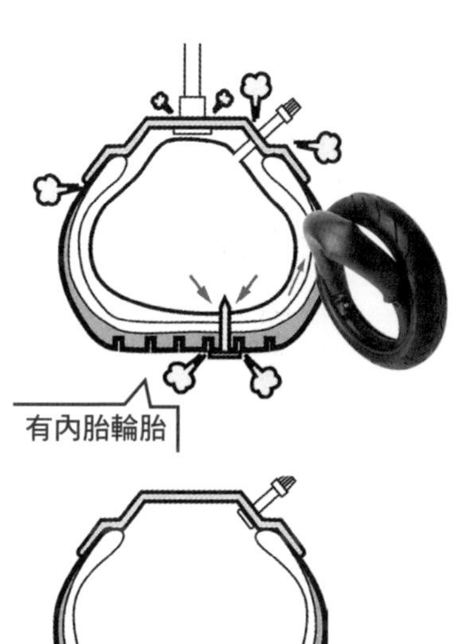

有內胎輪胎

無內胎輪胎

有內胎輪胎和無內胎輪胎處理方式大不同

說句實在話，輪胎漏氣與否真的全憑「運氣」。不走路肩或常確認胎壓雖然能降低漏氣機率，但這世上是沒有能絕對避免輪胎漏氣的方法。另外，有內胎輪胎和無內胎輪胎的處理漏氣方式也大異其趣，無內胎輪胎就算被異物刺入空氣並不會立刻漏掉，隨便找一間機車店就能輕鬆地修好，而且修理後就馬上可以上路。但有內胎輪胎被異物刺入的瞬間，空氣就會不斷漏出，要修理非常麻煩，基本上不換掉內胎的話，就不可能再騎上快速道路，更遑論要長途騎乘。

如果沒事前在內胎灌入補胎劑，或是沒帶應急修理工具組，就可能連一步也動不了。長距離騎乘的話，不要怕麻煩一定要帶著備用內胎。

讀者的輪胎漏氣經驗談

竟然插著一根釘

風景區入口收費站的歐吉桑一直用手指著我的車子前輪，才發現到已經漏氣了。原來車頭感覺變重是這個原因呀！

預防輪胎漏氣方法

PART_02

TUBE & TUBELESS

儘可能不要走路肩

因為排水問題的關係，道路路面都是倒缽型，由於路肩部份比較低的關係，道路上的異物很容易滾到路肩，經常走路肩的騎士碰到輪胎漏氣的機率會較高，所以不走路肩是避免輪胎漏氣的第一步。

TUBE

利用襯帶變成無內胎輪框仕樣

從前面介紹的「基本知識」中可得知有內胎和無內胎的輪框構造不同，而且有內胎只要漏氣就很麻煩。

這裡要介紹的就是把有內胎的鋼絲輪圈改造成和無內胎輪圈同樣構造的組件，是以特殊的襯帶將鋼絲輪圈孔封住，另外這是非常技術性的領域，一定要找專家協助施工。

TUBE & TUBELESS

平時就要做好輪胎的健康管理

輪胎的胎壓不夠會使接地面增加，也有增加被異物刺入的可能性，另外極度磨耗的輪胎也會讓異物更容易刺入而漏氣，所以胎壓和磨耗的確認也是避免輪胎漏氣的有效方法。

TUBE & TUBELESS

事前在內胎中灌入補胎劑

乳膠狀的補胎劑，必須在事前灌入內胎中，當輪胎漏氣的瞬間會填入異物所造成的孔，防止空氣漏出。

補胎劑並不適合用在必須在賽道上高速狂飆的輪胎上，但在一般道路上並沒有問題。

作業程序非常簡單，只要從氣嘴把膠狀物灌入內胎，然後再灌入空氣就行了，這對修理上較為麻煩的有內胎車非常有用。

輪胎漏氣應對法

PART_03

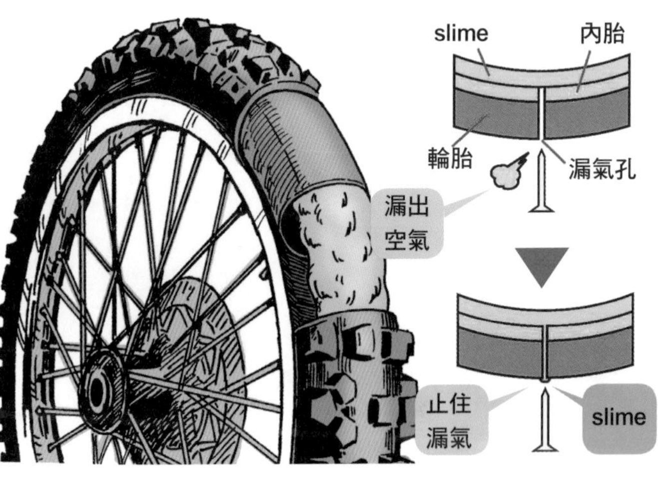

TUBE

備妥備用內胎方便替換

就算運氣好在輪胎漏氣時找到了機車店，但車店要是沒愛車輪胎尺寸的內胎，還是一樣沒輒（重車的內胎在一般的車店內是不會有存貨的）。只要自己有帶內胎，就能請店家幫忙替換。

TUBE & TUBELESS

備妥輪胎漏氣修理組件

無內胎輪胎只要以專用的修理組件來進行修補，無論是走快速道路或長距離騎乘都不會有問題，使用方法非常簡單，最好是能準備有附簡易式打氣筒的組件，修理完成後儘快找加油站等地方充氣，保持應有的胎壓。

TUBE & TUBELESS

只要有補胎劑就能緊急處理

這和上述的事前用補胎劑不同，但也是從氣嘴灌入的，特別推薦有內胎車使用，不過在修理後務必確認胎壓（加油站等）和低速騎乘（長距離不可），因為畢竟是緊急處理用。

COLUMN

輪胎漏氣應注意的地方

據山田純先生表示，使用輪胎漏氣的修理組件時有個需要注意的地方。

以他的經驗來說，至少要有三支簡易式打氣筒，另外，注入碳酸氣體時因為氣化熱的關係打氣筒會變冷，直接用手接觸會有凍傷的可能，最好像照片上先套入附屬的套子後再行使用。

困擾騎士的行車小問題 TOP5

第2名

行車小問題篇

BIKE TROUBLE

電瓶沒電

讀者票選 30 票

原本是打算休息一下再上路，打算把車發動時卻發現電瓶沒電了。如果能在出遊前確實充電就不會有這樣的問題，無論在什麼季節都務必讓電瓶保持滿電狀態！

電瓶有兩種不同的形式

保養型電瓶目前幾乎只有在舊車上才能看到，因為電瓶液會慢慢減少的關係，必須定期確認並且補充，萬一不小心摔車，電瓶液也有可能會漏出來，務必注意。

目前幾乎所有的車子上裝備的都是MF（免保養）型，也稱為密閉式電瓶，不用擔心電瓶易漏出所以積載方式的自由度高，也不需要補充電瓶液，但雖說是免保養，但還是需要充電。

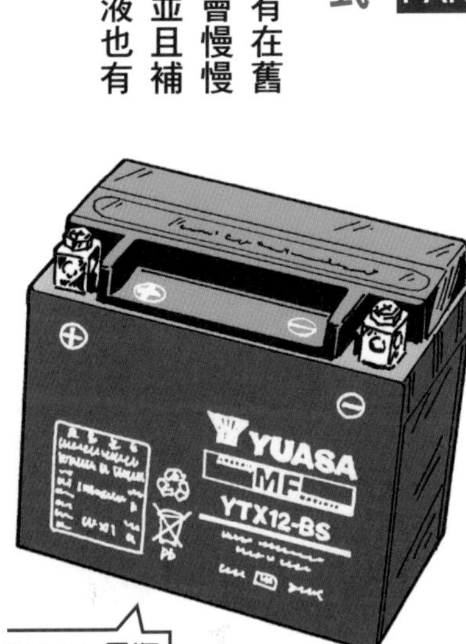

12V／6V 保養型電瓶

12V MF電瓶

瞭解電瓶的接續和拆裝方法

無論是保養或是發生問題時，首先要做的就是電瓶的接續。日系車算是比較容易處理的車種，而歐美系車之中也有相當麻煩的車種，最好看過車主手冊或詢問車店後，確實掌握住接續的方法。

另外拆裝電瓶時的順序非常重要，記住「從負極拆，從正極接」的順序，以工具來拆裝防止傷害到車子。

過去車子大多掀起座椅，或是卸下側蓋就能看到電瓶，不過最近也有車裝置在很難接續得到的地方。

拆卸

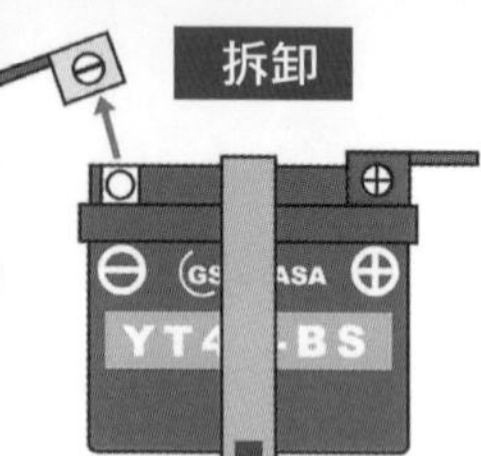

1. 卸下負極端子

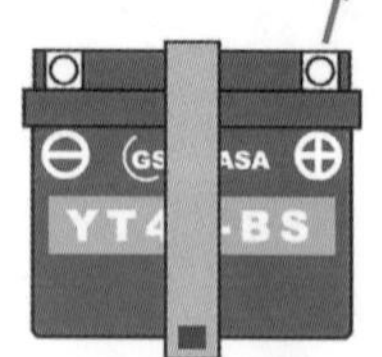

2. 卸下正極端子

3. 卸下固定架

組裝

1. 裝上固定架

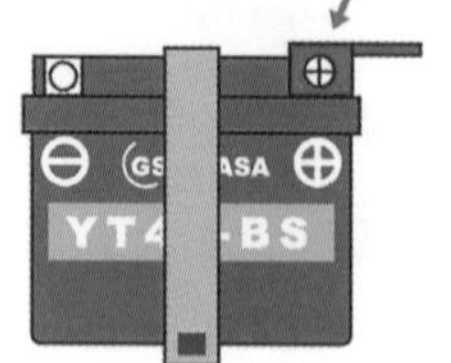

2. 接上正極端子

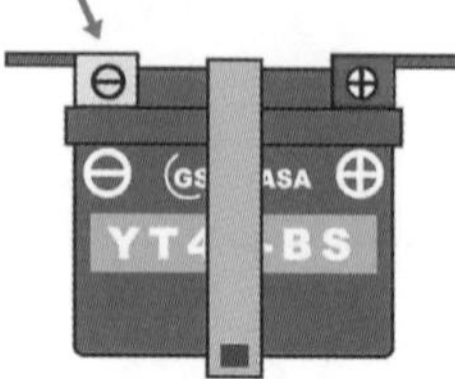

3. 接上負極端子

歐美系車的電瓶比較容易沒電嗎？

建議BMW或DUCATI車最好能兩個星期充電一次。

▲ BMW

BMW是預設長距離騎乘而製作，DUCATI則是重視運動性能。因為輕量的關係，所以電瓶和充電器都屬小型的設計，必須經常充電。

▲ DUCATI

電系配件多 容易消耗電力

車上使用的電系配件多，就像電費報表的家庭一樣，不過機車的電量有限。當電力的使用量超過發電量時，電瓶就會沒電，所以必須經常充電，並關掉沒使用的機器電源。

讀者的電瓶沒電經驗談

早知道就該好好充電

出遊當天正準備要出發時，按下自動啟動開關，引擎卻怎麼樣也發不了。感覺不太對勁就檢查了一下，才知道原來是電瓶沒電了。

▲加溫把手

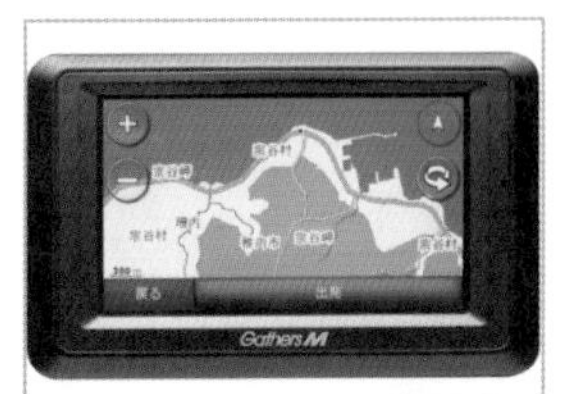

▲衛星導航

▲測速雷達

▲胎壓偵測器

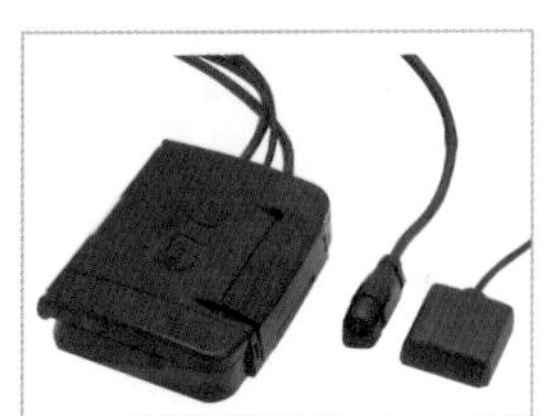

▲ETC

▲配備燈具的行李箱

自動啟動系統會加重電瓶的負擔

連按自動啟動開關會激烈地消耗電力，這樣會造成電瓶很快就會沒電。

預防電瓶沒電的方法

PART_02

發動引擎之後再用導航系統

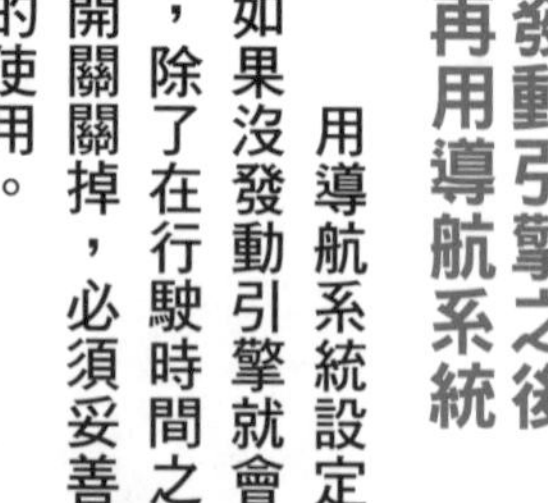

用導航系統設定目標地點時，如果沒發動引擎就會一直消耗電力，除了在行駛時間之外，儘量都將開關關掉，必須妥善控制電系配備的使用。

注意「P」

車子大鎖上在龍頭鎖之後還有一個「P」的車種請務必注意，在停車時如果轉得太猛而轉到P的話，尾燈就會一直亮著，維持這樣的狀態半天，電瓶就會沒電。

騎「一段時間」電瓶就會充電

問題就出在這所謂的「一段時間」，引擎轉速提升繼續騎約半小時（能騎滿長的距離）確實就會充電，但在一般街道上低轉速騎乘大燈、尾燈、方向燈（有的還得加上自動啟動的耗電）的消耗使得必須充電的量變多。所以必需要瞭解只騎一小段距離的充電量絕對不夠。

POINT

電瓶每 2 ～ 3 年更換一次

電瓶本身就屬於消耗品，其消耗率會因騎乘方式、騎乘頻率和保養方式而有極大的不同，電瓶的平均壽命大約是2～3年，可藉由機車店內的專用機器來確認電瓶的健康狀況，記得偶爾去確認。

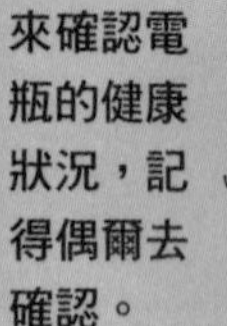

出遊前　記得要確實充電

總之在出遊前一定要確實地充電，不要以為「前幾天才騎過沒問題的」，或許實際的放電狀況已經到了臨界點也說不一定，千萬不能疏忽。就和加油一樣，電瓶的電也務必要「充飽」。

推薦使用的充電器和電壓表

SYGN HOUSE

機車電瓶用切換是涓流充電器

機體防塵防潑水的掌上型充電器，能大幅縮短充電時間，也備有持續充電機能，所以一直插著也沒問題。

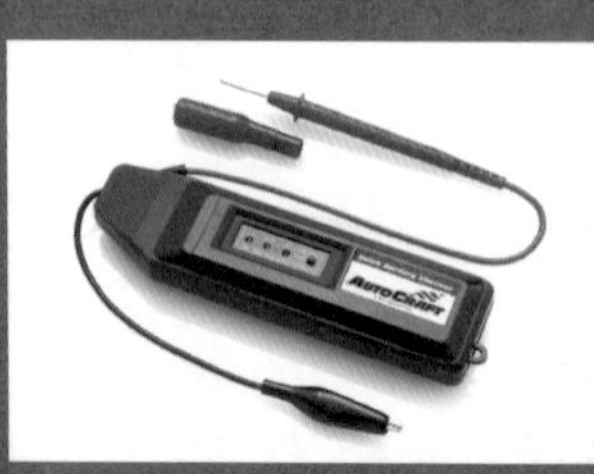

機車電瓶用快速蓄電池電壓表

以簡單的操作就能確認電瓶的狀態，以5A放電負荷的積載量機能就能正確地判斷出電瓶劣化的程度。

DAYTONA

機車用電瓶恢復&維持充電器

LED蓄電池電壓表以四段的LED燈來顯示電瓶的狀態（電壓），電瓶是否該充電完全一目瞭然。

機車用電瓶恢復&維持充電器

備有長時間未騎乘時也能放心維持充電的機能和去除硫酸鉛的機能，更能確認LED燈的充電進行狀況。

最近的機車電瓶似乎很容易就沒電

和輪胎漏氣不同，只要平時保養和多加注意就能避免電瓶沒電的狀況發生，只要在出遊前確實充電，通常是都不會有什麼問題。

不過，經驗豐富的騎士或許會有一種感覺，那就是過去的機車電瓶不會這麼快就沒電。為了不造成誤會應該說最近的機車電瓶似乎很容易就沒電。

現在的機車一般都是使用噴射引擎，為了要啟動燃料的電磁幫浦和電腦都需要用電。

水冷式引擎的電動扇也需要用電，再加上選配的電系配件也比過去多出許多，機車本身的發電機（充電機能）確實比過去更加強化，但電力的使用量卻多出更多，所以才會有現在的電瓶很容易就沒電的錯覺。

可以直接一直插著電的充電器最近在市場上也有許多不同的種類，使用也方便。

為了不讓自己在旅行時沒事就仰天長歎，出發前一定要做好充電的準備。

快要沒電 就試試看推車吧！

感覺電瓶快要沒電，或是自動啟動鈕不管怎麼按引擎就是發動不了，這時「推車」也是很有效的方法。

不過這只限於化油器車有用，噴射引擎車讓燃料幫浦和電腦作動是需要電力的，所以就算推到沒力引擎也一樣不會鳥你。

緊急對應策略「借電」

也有請別人的汽車或機車分一些電以讓引擎得以發動的方法。不過這對現今全車都是電子控制系統的機車來說，存在著不小的風險。

有可能只因為稍微的疏忽就讓所有的電子零件全毀，真要這麼做的時候務必小心僅慎。

電瓶沒電的應對法

PART_03

總之就是想辦法充電

蓄電池沒電的時候，想辦法充電就是最好的對應方法。在機車店、加油站或是汽機車用品店都可以充電，但普通的充電方式必須花費不少的時間（重車的話可能要費時十小時左右）。雖然有應急用的快速充電方法，但很容易縮短電瓶的壽命，所以並不推薦使用，不過在旅行途中碰上了，還是不得不做些犧牲。

困擾騎士的行車小問題TOP5

第3名

行車小問題篇
BIKE TROUBLE

讀者票選 16票

沒油

在快速道路上或在沒半間民房的深山面臨沒油的狀況，沒有比這種時候更讓人不安與焦躁的了。

但這樣非但對精神不好，注意力散漫也會帶來危險，只要改變想法就能確實避免這種情況的發生。

基礎知識 PART_01

加油站營業結束時間早

可別以為加油站都是自助式或是二十四小時營業，這是只有在都市才有的情形。

在鄉下地方晚上很早就結束營業、假日休息，或是整個地區只有一間營業的加油站並不是沒有，注意在白天就把油加滿，假日的話可以在派出所詢問有營業的店家。

油耗的計算方式▶ 加滿油的騎乘距離 ÷ 使用的油量 ＝ 油耗

例 120km ÷ 10L ＝ 12km/L

存油還能騎多遠▶ 存油量 × 油耗 ＝ 存油的騎乘距離

例 4L × 12km/L ＝ 48km

確實瞭解愛車的油耗與續航距離

首先別忘了目錄上所記載的油耗比起實際的油耗少。用油耗乘上油箱容量就能知道愛車的續航距離。另外存油量是否能像目錄上所記載地用到一滴不剩，還是問問機車店比較妥當。

最佳時機是續航距離一半量時加油

儘早加油是確實避免沒油的最佳方法，不過即使是經驗豐富的老手也會碰到這樣的問題，而這最大的問題在於「油箱沒油了再加油」這樣的觀念。

在油箱裡還有不少油的情況下去加油，總是會有點「虧大了」的感覺。不過實際上無論什麼時候加油，騎乘所會消耗的油量還是一樣的。

記住「剩下續航距離一半量時就加油」這句話，也就是說油箱全滿能跑兩百公里，跑了一百公里後就加油。或許有人會認為不需要如此地未雨綢繆，但來到人生地不熟的地方，可不敢保證沒油時馬上就能加，所以還是在沒碰到狀況時就把油加滿最為妥當。

預防車子沒油的方法

PART_02

不要撐到彈盡糧絕

務必捨棄「油箱沒油了再加油」的觀念，動不動就跑加油站或許麻煩，但出遊時一定要實踐「剩下續航距離一半量時就加油」。

不要相信油表

油表的計測機構如左圖所示，是透過浮球高度來表示剩餘油量，但由於重機的油箱形狀不一定是單純的方型或橢圓型，使得油表計量容易產生誤差，看油表還有點餘裕就硬撐絕非上策。

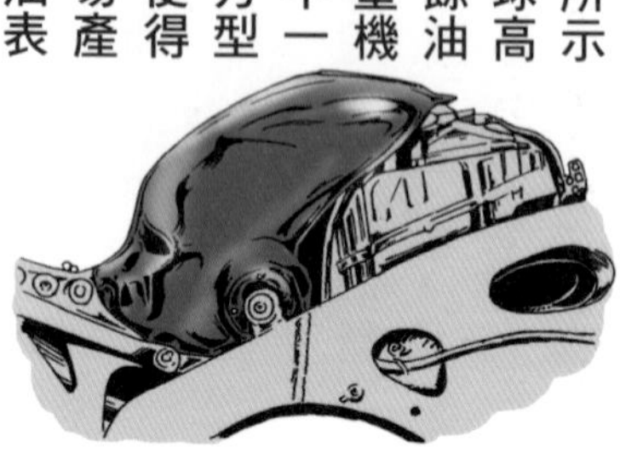

相對於簡單的計測機構，油箱的形狀卻是極其複雜。

油門固定　慢速前進

當對油的存量感到不安時，儘可能將保持油門開度，貫徹慢速前進，檔則打在高檔位。降低引擎的轉速損油比較少雖是事實，但過度意識到這件事，有可能會因此不斷小程度地開闔油門，造成反效果。

不過也不要過度地低速前進，只要比普通加速時更慢將油門打開，避免突然減速，就能將油耗降低。

讀者的車子沒油經驗談

一直保持「RES」的狀態…

上一次騎車時忘了已經切換到預備油箱，想到時已經來不及了…結果只好牽著車到附近的加油站加油。

車子沒油的應對法

PART_03

隨身帶著一根管子或許就能解決

車子沒油時，如果有車友同行，可以請車友分點油。噴射引擎車所使用的油並沒有太濃稠，只消打開油箱蓋用一根管子就能把油分過來。如果帶備隨身小容器，會比直接以油箱對油箱分油方便許多。

將管子伸進油箱，讓油進入管子內，並捏住管子的另一端，這樣就算不用嘴吸，油也會從管子裡流出來。

建議使用透明耐油的細管，長度要在1m以上。

困擾騎士的行車小問題 TOP5

第4名

行車小問題篇

BIKE TROUBLE

髒汙問題

騎車出去一定會把車弄髒，這可說是出遊的勳章，不過「蟲屍」之類的髒污務必儘早除去，否則時間一久就算洗車也很難清掉，而且會侵蝕塗裝表面和樹脂部份，千萬要注意！

蟲屍類髒污務必當天除去

騎車就一定會弄髒車，但放著不理洗車時會非常麻煩，不過，最傷腦筋的是「蟲屍」之類的髒污，只要經過一段時間，就算洗車也很難洗乾淨，這應該是每個騎士都有的經驗。其實昆蟲的體液是屬於強酸，並不只是單純地附著而已，還會侵蝕塗裝、樹脂和金屬的表面。

要特別注意的是「蟲屍」所帶來的髒污，昆蟲的體液屬於強酸，會傷害塗裝、樹脂與金屬的表面。至少「蟲屍」務必在當天就擦掉。

所以至少要把附著在整流罩的擋風板和安全帽的護目鏡上的昆蟲屍骸，當天就全部清掉。可能的話在出遊的休息時間也費點時間擦一擦。因此建議在出遊時能帶著便利型的清潔劑，清靜的視野也能多少減輕旅途的疲累。

蟲屍附著的應對法

PART_01

專用去污劑處理頑強的蟲屍

無論是蟲屍、油模或是車子的細小擦傷，都能以超微粒子的化學混合物擦拭去除。不含矽酮，讓視野更清晰。雖是安全帽護目鏡專用，但也能用在車子的擋風罩上。

避免蟲屍附著的方法

PART_02

事前用鍍膜劑擦拭愛車

在出遊前只要能先用鍍膜劑擦拭愛車，擦拭過的表面不易讓蟲屍和灰塵附著，也能降低蟲屍的強酸對塗裝面造成的傷害，事後的清理也更方便。

用犀牛皮來保護愛車

「每次出遊都得擦一次鍍膜劑，太麻煩了」，有這樣想法的人建議可使用犀牛皮（CLASS COATING）。

強韌的犀牛皮膜不但能保護愛車的車體，如果只是水洗也可以。犀牛皮雖然貴了些，但效果無可比擬。

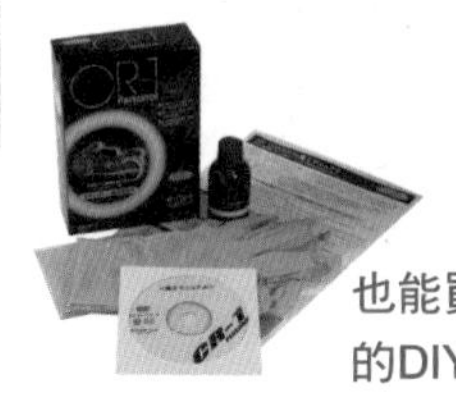

也能買到套裝的DIY組合。

犀牛皮的包膜必須找專業的車行來進行包覆。

CATALOG

攜帶便利的清潔劑用品

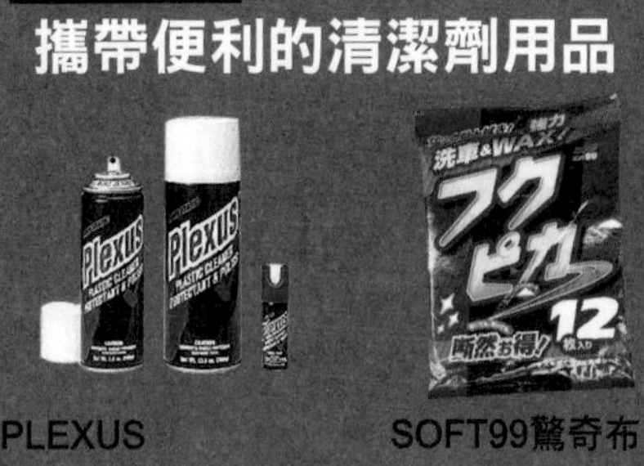

PLEXUS

有著多種的用途，能在不傷害車體的情況下去除髒污，而且攜帶方便，建議使用S尺寸。

SOFT99驚奇布

攜帶便利隨時可以拿出來使用，不但能去污更有打蠟的效果。

隔了一星期的慘況

車子髒汙經驗談

歷經三天兩夜1000km的旅遊後，因為回到家已經晚了，想說明天再來洗車，結果一拖就拖了一個星期。再看到車子時，那髒污只有「慘」能形容。

第5名

行車小問題篇
BIKE TROUBLE

讀者票選
10
票

機油不足

在停車場稍事休息時才發現機油量不足，是原本就這麼少還是騎乘時急遽減少？如果在出發前沒有確認機油量，就無法判斷是否故障也不知該何對應！

基礎知識 PART_01

機油會因燃燒而慢慢減少

雖然有不少人認為機油量不會減少，但事實上機油是會減少的。在潤滑汽缸和活塞時，都會有極少量被燃燒。

另外，曲軸箱內還混入了一些吹漏氣（blowby gas）經由濾淨器和吸氣一起燃燒，其次還有一些會從引擎的縫隙漏出，機油的減少會因車種而異。

漏油

滴答

燃燒

出發前不先進行確認就無法判斷狀況

在旅行途中突然發現機油量不足一定會很擔心，不過在擔心前先仔細想想是不是有「出發前量就不多了」、「今天突然少得很快」、「是否有正確地確認過」的情況。就算機油量已經到達臨界線，如果和出發前沒有什麼差別的話，就維持這樣再騎個三千公里也不會有問題。

相反地如果是從臨界線以上開始急遽減少的話，就表示有某個地方故障了。其實「確認錯誤」的狀況很常發生，例如在引擎一停止就立刻確認，還有在車體傾斜時從檢視窗幾乎看不到機油，這樣的情形屢見不鮮，在這狀況下要是大量地加入機油的話會引發故障，千萬要多加注意，最重要的是要確實掌握狀況。

避免機油不足的方法

PART_02

弄錯確認方法會很傷腦筋！

確認機油量的時候，要在平坦的地方將車體扶正，只要有稍稍的左右傾斜就會不正確。另外，引擎停止後至少要等個五分鐘，車體扶正後至少要等三十秒到一分鐘再行確認。

記下替換機油時的行車距離

如果忘記得出發前的機油量，就無法知道是騎了多少的距離減少的，也無法判斷是正常還是故障，務必要做記錄。

機油不足的應對法

PART_03

加入機油

雖然不是急劇減少，但機油量太少總令人不安，面臨這種狀況就直接加機油。最好能加同廠牌、同型號的機油，至少型號要一樣。如果加了不同廠牌的機油，回家後就要換機油（濾清器也要換掉）。

商請車店找拖吊車

如果是很明顯地急劇減少，加入機油也可能發展成更糟糕的狀況（廢車或事故），所以絕對不能繼續前進，打電話詢問車店處理方式，或商請找來拖吊車。

讀者的機油不足經驗談

正確地確認機油存量

在休息站確認機油存量，從檢視窗卻什麼也看不到。車友說是因為車子傾斜的關係才看不到，就這麼安全渡過了。

最想解決的操控問題TOP5

第1名

操控小問題篇
BIKE OPERATION

迴轉

騎著重車旅遊，在各種地方都需要用到各種不同的操作與技巧，可別說個「我不擅長○○」就敬而遠之，趁這機會來好好學習一下！

讀者票選
46
票

將龐大車子的車頭在低速下一百八十度的迴轉，是操控問題中排名第一的技巧，看來是因為大家都不懂簡單的迴轉方法，既然很多人都有這樣的問題，你也一起來試試吧。

為降低恐懼感 不勉強並提高迴旋度

在狹窄的地方迴轉確實是一種非常困難的操作，因車種的不同，也有好轉和不好轉的差別，不過基本上還是要看騎士本身的技術。不過這並不需要什麼高超的技巧，是

恐懼感的大小左右了迴轉的難度。例如騎輕量的小型車就算遇到問題，還是能輕鬆地用單腳支撐著車子，就算摔車造成的傷害也不大，這樣的放心感大過了恐懼感，結果就能毫不猶豫地成功迴轉。不過碰上大型車一切卻都反了過來，恐懼感超過了一切，而使得操控不斷地惡化。

在低速下要讓車子倒退，任誰也會害怕，所以先做九十度的迴旋，然後做一百度，以這樣的方式來試試自己能辦到的範圍。另外在置腳性差的地方迴轉，重點在於要一邊踩後煞車一邊迴轉。

迴轉
經驗談

▶狹路迴轉失敗

在狹路上勉強迴轉卻失敗了，被前後的汽車叭到臭頭，下次我一定會下車用牽的。

▶一個迴轉就衝進了民家

打算要迴轉的時候，不知為何眼睛總離不開附近民家的花圃，車子就跟著視線的方向衝向了花圃。

▶上坡道迴轉驚魂記

在上坡路段打算要迴轉時，因為內側腳搆不到地而差一點摔車，這一天之後，就再也不敢在上坡道迴轉。

腰移往內側
提高著腳性
腳伸向前
以腳跟著地
Kawasaki
Kawasaki

用腳支撐輕鬆迴轉！

在最初的練習階段，試著用腳著地取得平衡，然後慢慢地迴轉。

兩腳腳尖著地的話，以半離合來操作，一邊調整速度一邊以步行的感覺來做就行了。

原本應該要避免用前煞車，不過因為腳著地的關係，使用煞車也可以。如果只有單腳能著地，就要以更慢的速度慢慢迴轉。

把手往迴轉方向切

以單腳著地的狀態用半離合來前進

上級者以油門和後煞車來回轉

LESSON 02

上坡道以折返式轉向

在上坡道要讓車體倒退非常困難，結果只會讓迴旋半徑變大，所以千萬別想直接一次完成迴轉，利用坡道進行折返式轉向，很容易就能轉換方向。

以靜止狀態開始迴轉，還不如行進狀態下進行。這時也務必要確認周圍的安全。

手把向左輕踩後煞車開始迴轉。

在引擎不熄火的狀況下提升轉速，並以後煞車來調整速度。

絕對不要用前煞車，這樣就能在不喪失驅動力的情況下迴轉，並使車體穩定。

繼續前行至安全路段在路口穩定迴轉

擔心勉強迴轉而會造成摔車情況，不直接迴轉也是一個方法。先繼續前進，直至碰到有對向有停車場或十字路口時，就能如下圖般安全地迴轉。

LESSON 03

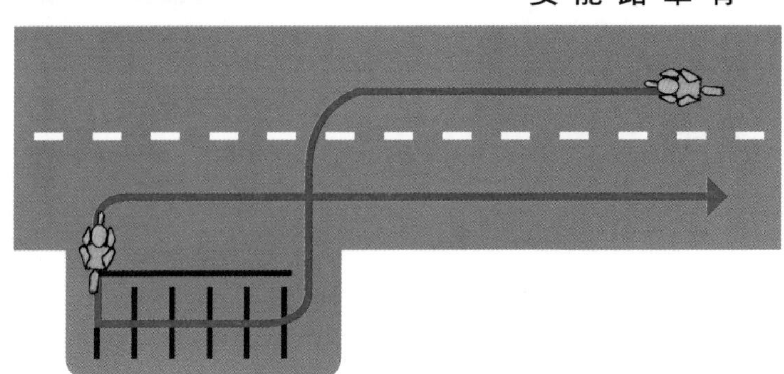

COLUMN

迴轉失敗時就改為折返式轉向

是否能成功迴轉，能在分向線的地方以車體的角度來進行判斷。

來到分向線時車子方向已經轉過一半的話，就可以直接迴轉，沒有的話，就立刻改為折返式轉向。

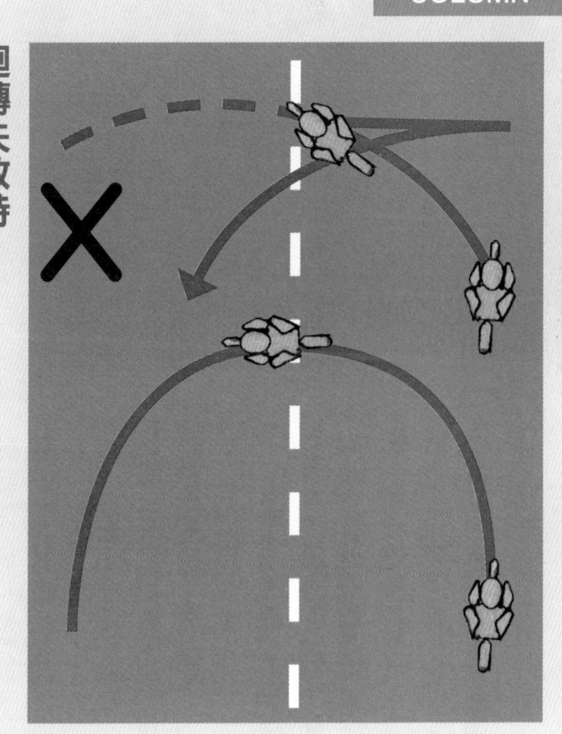

最想解決的操控問題TOP5

第2名

操控小問題篇
BIKE OPERATION

P 牽車進退

讀者票選
42
票

因為重車的大小和重量而有先入為主的想法，感覺牽車進退是一件非常困難的事。其實即使是重車也是有能輕鬆駕馭的重點，只要掌握重點即使身材嬌小的騎士也能牽著重車四處晃。

絕對不能只靠腕力要用全身來支撐

推著車子走的時候，即使沒有疏忽，只要稍有間隔，車子就會向著身體的另一邊倒車。

重量不輕的機車只要稍稍沒有向著支撐的方向傾斜，如果沒有很大的力量，很難控制車子倒下的力量。所以牽車前進時，一定要把持讓車身稍稍向著身體的方向傾斜，不能是只靠腕力，還要運用腰力來支撐車體。

當熟練這樣的方式，達成人車一體的境界時，牽車移動就會變得輕鬆許多。另外，跨在車上推車前進時要注意到不要被踏板和觸地的腳絆到。

COLUMN

利用前叉的反作用力來牽車後退

要讓停止狀態的車子動起來是需要力氣的，尤其是是後退的時候很難使力，這時可以讓前叉下沉，利用反作用力推車。

讀者的牽車前進經驗談

在狹窄的停車場不知該如何是好

停車時停車場空蕩蕩的，但要騎出來時卻成了需要超高的牽車進退技巧的狀況。

愛車太重　放棄牽車

曾經有過因車子過重，加上牽車進退的困難，而放棄移動愛車。不過畢竟是自己的愛車，還是要好好確實地學好牽車的技巧。

牽車前進

CASE_01

車體和身體要緊密結合

牽車時最基本的重點就是不能只單靠握著手把的手腕，必須把腰靠在坐墊側來支撐車體，這麼一來車體就能更加穩定。

另外依個人體格的不同，有的人會以大腿來支撐。

瞭解在什麼樣的角度愛車比較容易倒車

車子在垂直直立時抗力最小感覺也最輕，在這樣的狀態下牽車就能用最小的力量來牽動。

不過實際上車體多會向著身體這一邊傾斜，所以要先瞭解愛車在什麼樣的角度下感覺最重。

牽車後退

CASE_02

右手按著坐墊
車體穩定感覺較輕

「牽車前進已經很讓人害怕，牽車後退更是恐怖至極」，心中這麼想的人肯定不在少數。

雙手扶著握把向後退確實會搖晃而無法穩定，因為把手能左右轉向，前進時因為重心在前方所以沒問題，但後退時車體的重心也會向後移，把手就會變得無法穩定，這時候只要支撐重心所在的地方就行了。

用右手按著坐墊向後方推，左手只要輕輕扶著把手，身體靠著油箱，右手右腳出力，只要稍稍地用力就能讓車子後退，只要讓車體稍稍向著身體的方向傾斜就行了。

NG PATARN

停車車頭不向著下坡

要以車頭向內的方式停車時，尤其是大型車如果車頭朝著下坡停車。以角度來說要牽車倒退非常困難，車頭朝下坡，也會讓前叉因為反作用力的影響而無法使用。

讀者的牽車後退經驗談

搖搖晃晃地用單手握著車把

用單手握著車把牽車後退，因為搖晃而焦急，車子倒向了另一側，真是遜斃了。

跨在車上倒退結果摔車收場

兩腳腳尖踮著倒退，左右全處在無防備狀態，不但無法順利後退，最後還以原地倒車收場。

LESSON 01

以右方箭步穩定身體再推車

把車體向後推時以右弓左箭的方式形成弓箭步。

右手按著坐墊向後方推，拉著坐墊帶也可以。

COLUMN

將手把輕輕向右切 牽車後退更容易

牽車後退時將手把向右切，車體和身體更容易緊密結合，牽車後退會變得更容易。相反地將手把向左切，車體很容易就離開身體，很容易感受到車重，變得很難牽車。

LESSON 02

跨在車上的倒退方法

跨在車上倒退的時候，軸足的左腳踩在腳踏上，在把腰向右移。右腳確實踩在地面上比較容易使力，也比較容易倒退。

LESSON 03

倒退時將車體向著自己傾斜

和牽車前進時一樣，後退時也一樣要讓車體靠著身體，尤其是向左後退時更要用身體來支撐。

最想解決的操控問題TOP5

第3名

操控小問題篇
BIKE OPERATION

左彎道

是因為身體、機車的構造還是精神上的關係，大多數的騎士都是異口同聲地說：「右彎沒問題，左轉ㄚ是最困難」。為什麼偏偏就是搞不定左彎，只要知道理由應該就能掌握到克服左彎的線索。

讀者票選
22
票

對左彎道不擅長有諸多原因

在不同的國家就有不同的交通規則，而台灣的道路是靠右側通行，其實只要騎一次彎道應該馬上就能瞭解，比起右彎道，左彎道的曲線半徑較大，也就是說必須要壓車保持這麼長的時間才行。

當彎道的外側就是護欄，或是幾乎沒有路肩的空間時，感覺就更危險，這些都會增加騎士的恐懼心理，讓身心無法放鬆，也使得對車子的操控變得困難。

瞭解為何會對左彎不擅長的外在因素後，要脫離對左彎道恐懼的苦海也就變得更加容易。行駛左彎道時務必要有一個觀念，那就是要靠路肩行駛，在突然有對向來車時也能輕鬆且從容地應對。另外就是大家都已深記腦海的過彎基本「慢進快出」。

最後就是在過彎時，視線一定要保持看著前方。有許多人會因為害怕有對向來車而一直盯著分向線看，這麼做反而或帶來更大的危險。

讀者左彎道經驗談

左彎時因為過度緊張就這麼突然停止呼吸

對左彎道的恐懼意識太過強烈，一來到左彎道前就會緊張得無法呼吸，成了騎乘時的障礙，真是讓人頭痛的身體啊。

噗通～噗通～

下坡道上只要碰到左彎就感覺滿心沮喪

超愛上坡右彎道，但在下坡時一碰到左彎道就覺得很悲哀，而且瞬間戰意全消。

只要一看到左彎道不堪回首的記憶重現

因不擅長左彎而有過撞上護欄的痛苦經驗。只要一看到左彎，心中恐懼感油然而生。

COLUMN

為什麼公路賽道的右彎數量比較多？

環狀賽道是以左彎居多，公路賽道卻以右彎居多，但事實上也有左彎的公路賽道，所以右彎居多的說法並不正確。其中有著許多的說法，但西歐基本上是以順時鐘走向，因此公路賽道很自然地似乎也是右彎居多，另外也受到賽道設計者的出身國籍及所影響。

LESSON 01

確實掌握不擅長左彎的原因

1 離護欄近而且路肩寬度不足

以構造來說，左彎道外側的路肩不足，所以會擔心連人帶車衝出去，造成莫大的精神壓力，所以會覺得左轉很恐怖。

2 左轉的轉彎區間比右彎長

即使是在同一個彎道上，左彎的距離較長，所以必須要在較長的時間內持續轉彎，也就是讓車子做出傾角的時間較長。

另外因為排水的問題，道路的斷面是缽型，右彎時會做出傾角比較容易轉彎，左轉實則成了反傾角，使得很難轉彎。

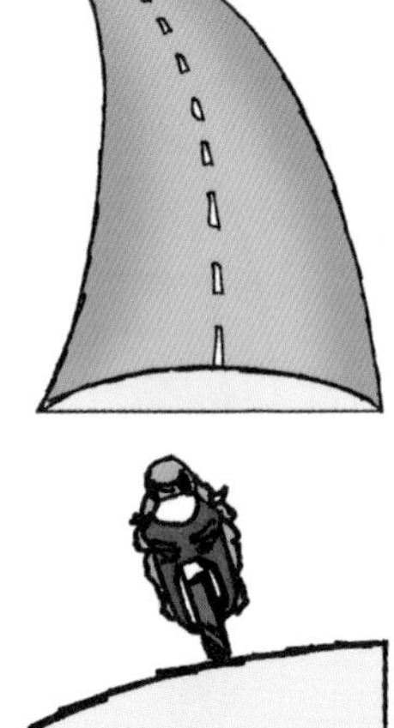

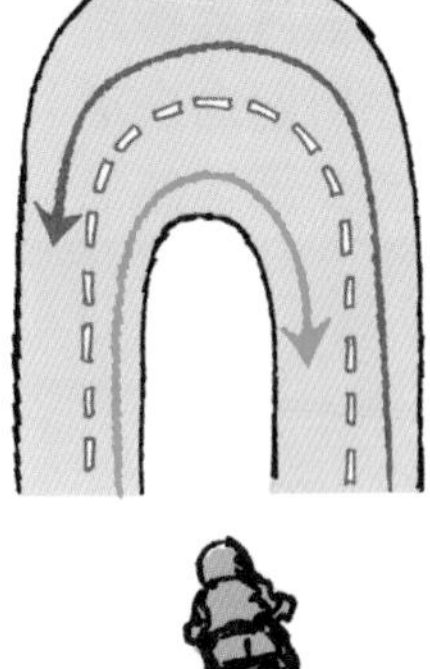

LESSON 02 不要沿著分向線前進

安全行駛左彎道的訣竅

POINT 1 基本上行進中視線應該時常看著前方，但在左彎時會因為恐懼而一直看著中線，無論如何視線都要保持看著前方。

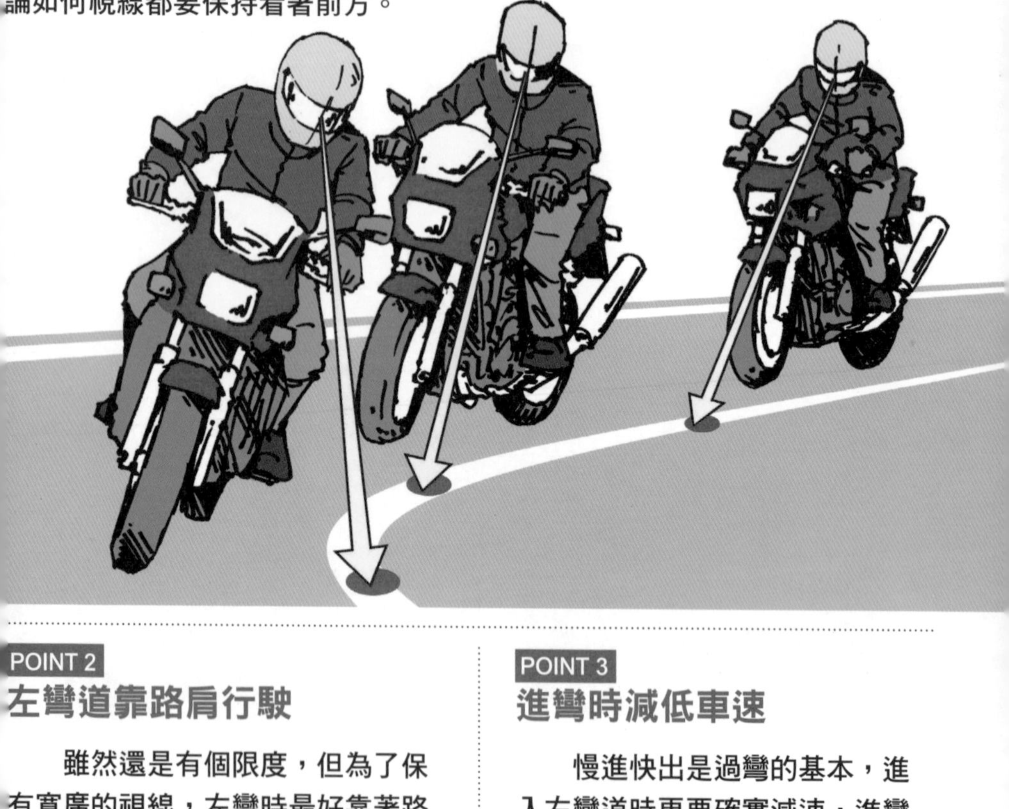

POINT 2

左彎道靠路肩行駛

雖然還是有個限度，但為了保有寬廣的視線，左彎時最好靠著路肩進彎。這麼即使突然有對向來車出現也能確實對應，減少恐懼感。

POINT 3

進彎時減低車速

慢進快出是過彎的基本，進入左彎道時更要確實減速，進彎時不要切入太深也是重點之一。

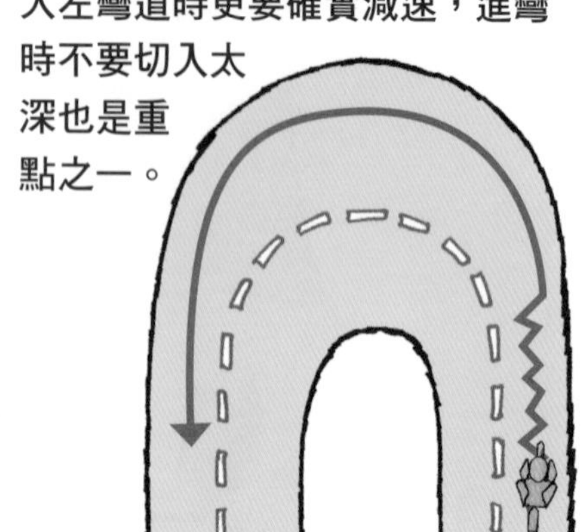

最想解決的操控問題TOP5

第4名

操控小問題篇
BIKE OPERATION

小轉彎

讀者票選
15
票

騎著機車轉小彎……雖是路口上的基本操作，但對新手騎士還是同樣棘手，克服重點在於離合器的操控。

瞭解無法轉小彎的理由

因為擔心倒車所以就灌了油門

為了防止倒車而催了油門，卻陷入了車子更彎不過去的惡性循環。

即使按壓離合器也沒將驅動力切斷

或許要按壓離合器會讓人有些猶豫，不過瞬間將驅動力切斷會比較容易轉向。

讀者轉小彎經驗談

因為小彎轉不過去 只好用腳蹬著轉彎

每次在路口總是轉不過小彎，所以只好右腳著地邊蹬邊轉，還常被路人笑，真是遜斃了。

在轉小彎時緊急煞車 差一點就原地倒車

在路口轉小彎還得注意行人和自行車的安全實在太難了，邊轉彎邊煞車，真的很容易原地倒車。

LESSON

輕鬆轉小彎的簡易重點教學

確實減速、快速轉向

右彎時會先稍稍轉向左然後再開始向右彎，或左轉時沒減速就進入路口，彎過大而太過偏向外側，會這樣的騎士其實還不少。不知道是不願意確實減速轉小彎，還是根本不懂得如何低速轉小彎，但不管是哪一種，都是不值得鼓勵的騎乘方式。

例如更小的轉彎狀況而言，在十字路口或丁字路口右彎時，以普通的想法來看是降檔至二檔或一檔，就足夠讓車子減速，並讓車體向右傾，然後從過彎結束時開始慢慢地催油這樣的感覺。無法順利轉小彎的人，並沒有確實以低速讓車子傾斜。雖然也不是不明白這是因為擔心會倒車所帶來的不安，不過沒確實做的話，車體反而更容易搖晃。隨機應變是以半離合來處理，視狀況的不同，也有瞬間按壓離合器切斷驅動力使小轉小彎更容易的方法。另外，做出過彎時的騎乘姿勢也對轉小彎很有效用。

POINT 01

右轉時儘量向右靠

向右轉小彎時儘量向右靠，並同時減低速度，降到2檔或是1檔。

POINT 02

按壓離合器讓車體傾斜

驅動力過強的話會很難壓車過彎，瞬間按壓離合器切斷驅動力更方便轉向。

POINT 03

持續踩著後煞車催油門

改變方向後慢慢地催油，這時輕踩後煞車能讓車體更穩定。

最想解決的操控問題TOP5

第5名

操控小問題篇
BIKE OPERATION

原地倒車

讀者票選
10
票

無論新手或經驗老到的老鳥，每個騎士都必定有原地倒的經驗，除了大傷荷包之外，還會讓你鬱卒一整天。

些許的疏忽就會帶來極大的傷害

每個人應該都有一次或兩次原地倒車的經驗，騎輕型機車或是越野車的人可能會對這件事一笑置之，不過對重型機車來說，原地倒車所造成的傷害甚鉅，絕對不能置之不理。相對地對身材較為嬌小的騎士而言原地倒的危機就較大，雖說因為腳搆不到地實在也沒輒，不過還是要在各方面多加注意來做出防禦對策防止原地倒車的發生。

原地倒車最大的原因就在於疏忽和疲累，面對各種狀況不要做出錯誤的判斷，停車和低速騎乘時，心中就要有危機意識，這一點非常重要。

COLUMN

原地倒車一次 荷包傷很大

無罩街車最慘的狀況是替換消音器、車把、踏板類和腳踏等，全罩式車型的話除了擾流罩的毀損、方向燈還有因擾流罩受壓可能造成散熱器等部件的故障，雖然是以最糟的狀況來設想，但無論如何還是要多加小心為上。

LESSON 01

踢出側腳架＋下車兩個動作不要連續做

很多人在踢出側腳架之後就立刻下車，這個習慣會成為原地倒車的原因，所以在踢出腳架的時候務必做好確認動作。

LESSON 02

以引擎護蓋和防倒球減輕原地倒車造成的傷害

可以裝置配件來緩和原地倒車的衝擊，不過要注意的是這些配件並無法完全地保護車體（防倒球原本是為滑走時保護車體而設計）。

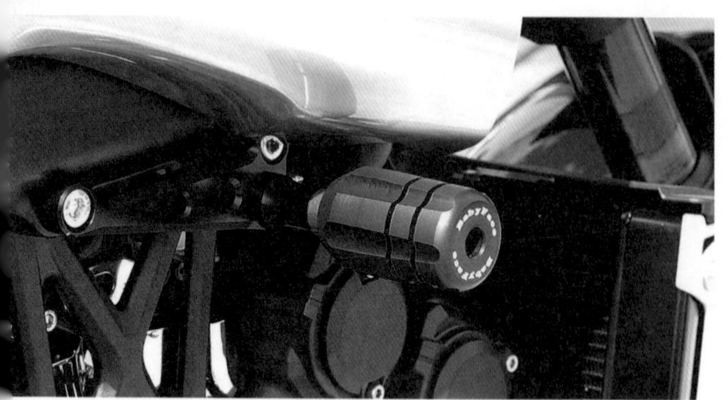

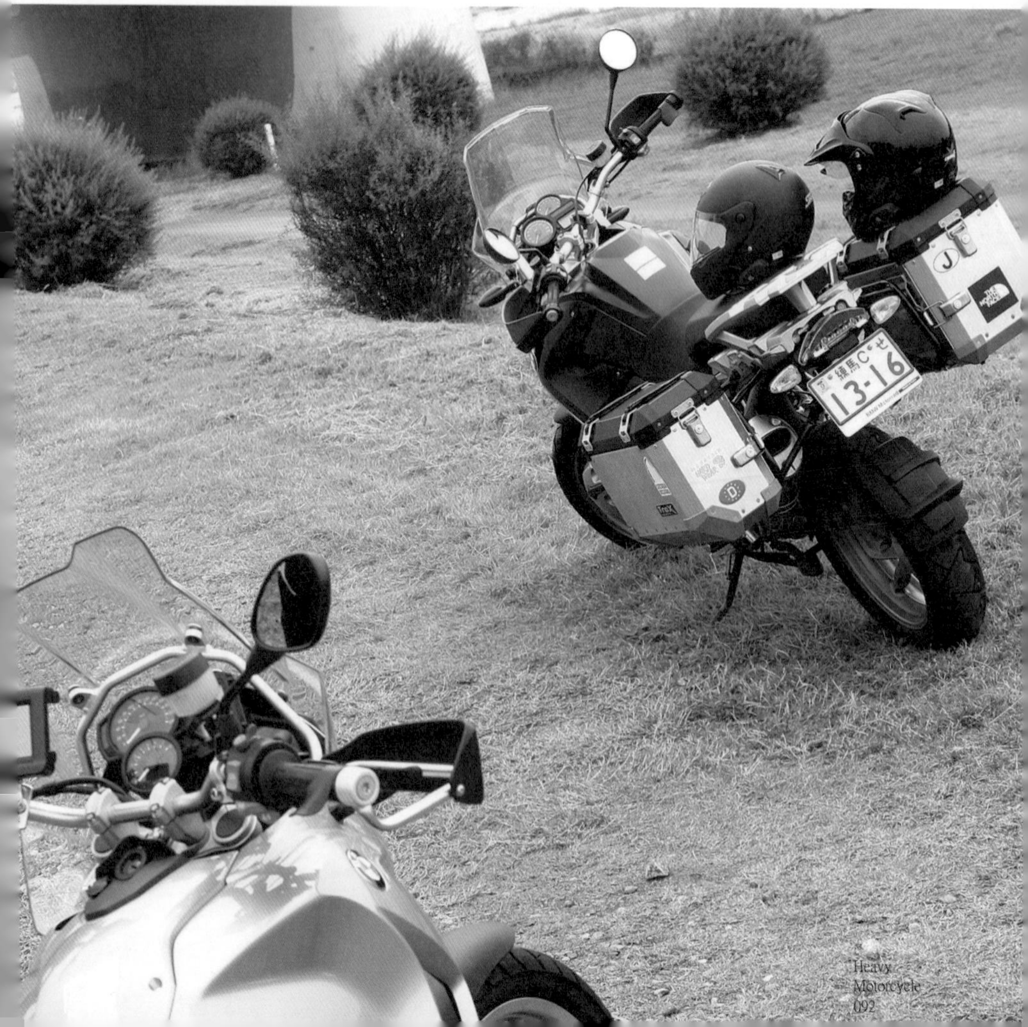

原地倒車的原因排行榜

NO.1

以為已經踢出側腳架

因為一向都是踢出側腳架後就直接下車，踢出的側腳架彈回來，結果只有倒車的命運。

NO.2

迴轉時熄火

低速迴轉時引擎突然熄火就這麼摔車。千萬不要只出一張嘴，太過有自信不肯伸出腳來…結果只會帶來後悔。

NO.3

撿起掉落身邊的東西而摔車

理由其實非常單純，就是太疏忽了，跨在車上直接把車打斜撿拾掉落的錢包，這種情況想不摔車都難了。

NO.4

停車腳觸地的瞬間滑倒

停車時並沒注意到落腳的地方正好有一堆沙子，一踩下去就因此莫名奇妙地劈腿倒車的糗態。

NO.5

下車時褲腳勾到車邊

下車時長褲的褲腳勾到車邊，就這麼牽動車子失去平衡。這問題其實只要不穿褲腳太寬的褲子就能預防。

沙沙沙沙

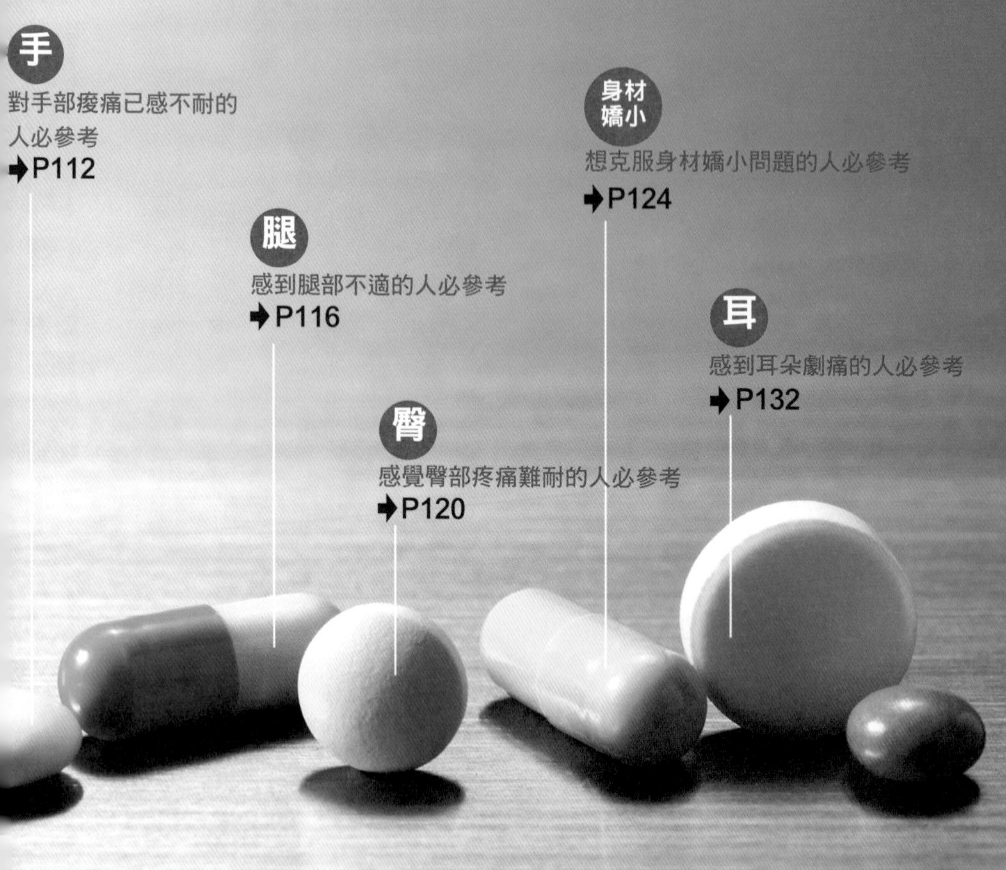

除身體的疲勞與酸痛！

完全消解
的樂趣

Chapter 3

The Pain of Ride

只要一點訣竅就能

腰痠背痛
享受騎乘

痠痛

脖子、肩膀、手、腰、臀部……這些部位都是長途休旅騎乘後痠痛的「好發區」，而如此令人不快的痠痛感大多是因為騎士本身騎乘姿勢不良，讓身體的肌肉不自覺緊繃而產生的。

然而，要一般騎士做到全身放鬆以正確姿勢騎乘，確實也是難以達到的要求。

因此本次大特輯中，編輯部將從各種角度針對造成身體疼痛與疲勞的原因加以驗證，並提出對應之道。

如果有人因為「騎摩托車總是令人疲勞又痠痛」而放棄騎車，本篇特輯絕對是您重返摩托車騎乘之樂的重要參考指標！

腰

對腰部疼動已經無法忍受的人必參考

➜P108

肩

有肩部疼痛問題的人必參考

➜P104

脖子

對脖子痠痛感到困擾的人必參考

➜P101

車友經驗大分享！

摩托車騎士的 各部腰痠背痛區域高低排名

騎士實際感到「疼痛」，並且為此煩惱不已的部位為何？為了找出大家共同的煩惱，編輯部特別進行廣大民調接下來除了將為大家說明調查結果外，也要跟大家談談如何避免痠痛上身。

恐怕在不少騎士的觀念中，對於摩托車騎乘的看法是必須考驗自我忍耐力的活動。實際上，由於騎乘時騎士必須直接面對迎面強風以及陽光照射，偶爾還必須接受風雨的洗禮，但即使如此騎乘操控姿勢依然大致維持一致、沒有變化，理所當然地在騎乘操控上對身體所帶來的負擔一定遠比開車還要大得多。

因此在本書接下來的內容中，編輯部將為大家介紹如何輕減堪稱騎士宿命的「身體痠痛」狀況，不過在此之前編輯部先為大家說明民調統計後的分析結果。在得到許多車友的協助下，編輯部已經收集到非常大量的資料。從取得資料的分析中我們發現，不管是騎乘距離、年齡或者是摩托車車款，騎士所面臨的「身體痠痛問題」其實幾乎都是大同小異的。換句話說，要想消除這樣的身體不適是無須區分每個人是否有不同方式的。只要按照基本原則並且抓住一點訣竅，相信絕對能和緩大家因騎乘所帶來的身體不適感。

長途騎乘的距離與疼痛部位整理表

	～100km		～300km		～500km		～700km		700km～	
第一名	手腕、手掌	102	臀部	147	腰部	63	臀部	18	手腕、手掌	3
第二名	臀部	93	手腕、手掌	132	臀部	61	手腕、手掌	9	脖子	2
第三名	腰部	75	腰部	105	肩膀	59	脖子	6	—	—
第四名	脖子	45	脖子	96	手腕、手掌	54	大腿、膝蓋、腳踝	5	—	—
第五名	大腿、膝蓋、腳腕	39	肩膀	94	脖子	48	肩膀	2	—	—

在不考慮騎乘距離下，從排名名次分析平均來說前兩名應該是臀部及手腕、手掌部位，看得出來身體活動受限的部位特別是疼痛發生所在。另外，在騎乘距離加長後脖子的痠痛感也會隨之加劇。

依年紀世代痠痛部位整理表

	20~30歲		30~40歲		40~50歲		0~60歲	
第一名	手腕、手掌	27	臀部	153	手腕、手掌	120	臀部	24
第二名	臀部	24	手腕、手掌	129	臀部	117	手腕、手掌	18
第三名	肩膀	23	腰部	126	腰部	90	腰部	9
第四名	腰部	18	肩膀	99	脖子	75	大腿、膝蓋、腳腕	8
第五名	脖子	15	脖子	96	肩膀	66	脖子	3

從結果顯示無論年紀世代，產生痠痛結果的部位幾乎是一致的。儘管人體會隨著年紀的增長而降低肌肉量比重，但從這份統計結果似乎看不出關聯。不過很多年長騎士都保持有肌力運動的習慣，或許也是減低差異的原因。

最終統計結果顯示 騎士酸痛指數最高的是「臀部」！

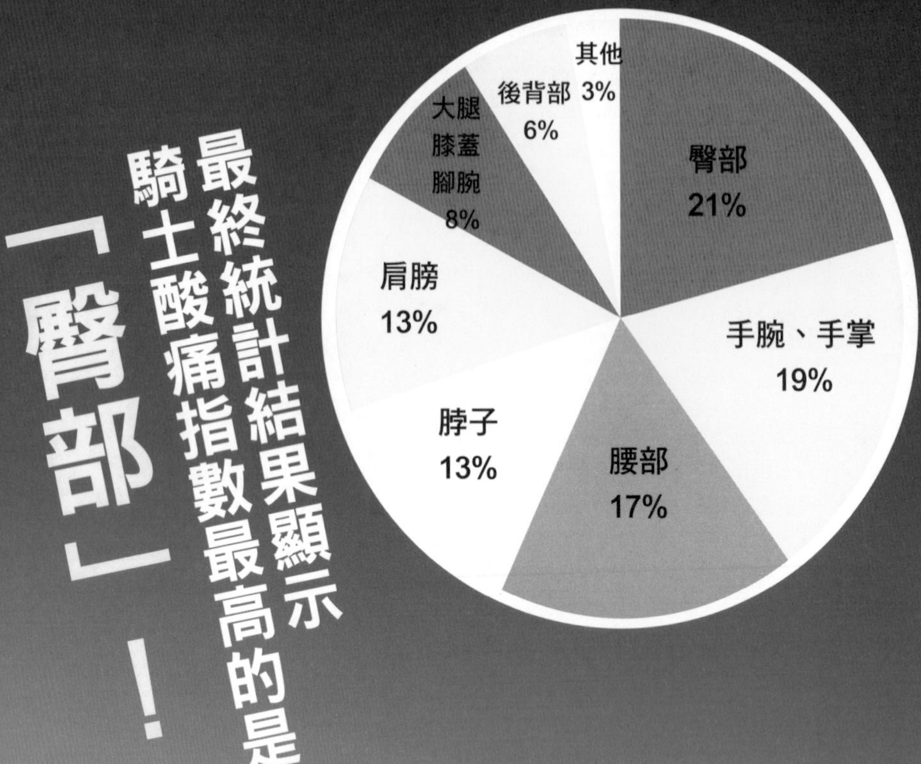

從統計結果上看得出來，與騎乘時動作較不受限的下半身相比，多數騎士都認為動作較受限的上半身產生瘦痛的比率較高。其中又以無論是在騎乘姿勢或者騎乘技巧上必須承受騎士身體重量的臀部是疼痛指數中高居榜首的項目。另外，騎士往往會不經意地把體重加諸於手腕與手掌處、或者因為把手的持續震動而引發麻痺與疲勞後的疼痛。所以手腕與手掌的瘦痛也是名列前茅。

消減疼痛所使用的護具

名次	護具	數量
第一名	護腰帶	60
第二名	GEL-ZAB 減壓座墊片	54
第三名	藥	51
第四名	穿著類	36
第五名	油門輔助器	30

最多車友使用的就是可以纏在腰上的護腰帶，也有車友認為使用護腰帶可以同時發揮協助維持騎乘姿勢的效果。

Q 平時是否有做體能強化的訓練？

平時不騎車的時候多爬爬山或散散步，每次大概都要五個小時左右。桃園市　海邊阿公（51歲）

游泳可以運動到全身每處，最推薦！
花蓮市　小貓（53歲

每天都會做收音機體操熱身鍛煉
桃園市　neil先生（48歲）

每天早上都會持續進行膝蓋屈伸鍛鍊
雲林縣　王先生（53歲）

操作摩托車的離合器其實真的不輕鬆，平時都以伏地挺身與吊單槓來進行訓練。
台中市　趙先生（59歲）

Q 是否有什麼建議大家的消除疲勞痠痛的項目？

為了配合騎乘姿勢，我拿汽車用的小號緩衝墊來當做腰靠使用。
高雄市　老爸騎士（53歲）

推薦防止肩膀痠痛專用項鍊！
嘉義市　郭先生(48歲)

使用較輕量的安全帽以減少對於脖子的負擔。
宜蘭縣　羅先生（53歲）

在手把上裝置重量橫桿以達成抑制震動的效果，不過缺點是進行長距離騎乘時手部的麻痺感相當不好受。
宜蘭縣　林先生（52歲）

建議使用品牌知名度與信任度高的太陽眼鏡，再加上適度的休息。
新竹縣　陶先生（52歲）

極度推薦BMW摩托車才是消除騎乘疲勞的王道
台北市　張先生（45歲）

穿皮衣騎乘時往往因為領子摩擦到脖子而很不舒服，可以先用頭巾包覆來減少疼痛。
高雄市　李先生（48歲）

Q 如果已經感覺疼痛了大家是如何處理的？

一句話，就是「避免努力衝過頭」就對了！也就是說應該要在身體還沒出現痠痛警訊之前就先做適度的休息，如果因為是快速道路騎乘而無可避免地必須維持同樣姿勢的長時間騎乘，起碼得留意適時小量變換騎乘姿勢。
台中縣　周先生（46歲）

曾經嘗試過各種方法，結果發現如果在痠痛已經產生後，才來施行對應療法的話都太慢了，還是每天確實進行自我鍛鍊比較重要。我認為在不過量的前提下每天持續進行重量訓練以及深呼吸等方式反而比較有效。雲林縣　黃先生（49歲）

在痠痛發生之前（也就是出發前）預先塗抹肌樂再搭配使用彈性繃帶，另外再進行眼睛體操(提升動態視力)。台東縣　紅軍團戰士先生(46歲)

想永遠跟騎乘痠痛說掰掰的人趕快照過來!!

依身體部位分類

痠痛部位對策參考手冊

在長時間摩托車騎乘後，無論是誰都一定會感到痠痛疲憊，但是否有消除的方法？

該如何做才能減輕對身體的負擔？現在我們根據身體部位分類一一探究！

脖子的痠痛

究竟什麼才是讓脖子後方部位產生痠痛的最大原因？實際上絕大多數的原因都出自於騎乘姿勢以及安全帽的戴法，大家不妨一起來檢視一下自己的方法是否有錯。

NECK

○ 後背呈現自然的駝背姿勢

人體結構上在站立時會讓脊椎骨呈現S字形狀，也就是說，有一點點自然的駝背其實是正常的。只要順著身體的自然姿勢，不要逆勢作態的話，下巴自然後收，對脖子就不會造成負擔。

× 後背呈現筆直的姿勢

如照片中所示的極端例子，如果騎士採取這種腦袋往後仰的騎乘姿勢的話，下巴自然會往上抬，如此一來造成脖子痠痛是想當然爾的事情，同時後背與手腕也因為不自然的施力而容易引發疲勞。

騎乘不久就感到脖子痠痛 肯定是騎乘方法出了問題

騎乘摩托車時，安全帽是必不可少的人身護具。但此舉想當然耳會將安全帽的重量加諸在脖子上。儘管現在的安全帽已經比以前的產品更加輕量化了，但無論如何對於脖子而言還是有一道外加的負擔在。不過大家不用太過擔心，只要穿戴的方是正確、再加上保持良好的騎乘姿勢的話，就可避免脖子在沒騎乘多久就可能引發痠痛的問題。如果發現在短時間騎乘後就會引發痠痛問題的話，幾乎可斷定問題是出在騎乘姿勢或者安全帽的穿戴方式等方面。

大多數的騎士較容易發生的問題之一是在於，往往不自覺地就以上抬下巴的狀態保持騎乘姿勢。之所以會有這種傾向，其背後其實有許多原因，但如果騎士的後背與手臂太過伸直的話，下巴就會自然上抬，結果當然是加重了脖子的負擔。如果騎士有留意不讓自己下巴上抬，便會發現手臂的肌肉放鬆，同時後背會有點弓起，讓整個騎乘姿勢更趨自然，騎乘時頭部也不會產生不穩定的搖晃。

如果有騎士感覺「下巴下壓時會造成前方視線不良」的時候，非常有可能是因為安全帽戴得太深了，確實如果安全帽戴得太淺的話，實在看起來有點蠢，不過那只限於非常極端的戴法。在穿戴安全帽時如果從正面觀察，安全帽的開口部上緣以對齊眉毛上面一點的位置即可，如果比這個標準還要再深的話，很可能是因為安全帽的尺寸太大

痠痛的原因

下巴往上抬起後，所有姿勢都亂套了！

對策 -1 收下巴最好方式就是視線往上
把視線瞄準安全帽上緣的位置

對策 -2 為了耍帥而把安全帽戴得深
往往反而犧牲掉應有的視線！

擺出正確騎乘姿勢時，騎士必須把下巴內收，此時騎士看前方的視線應該是稍微往上的。要滿足這種條件，安全帽的戴法應該是將開口部上緣剛好進入視線內程度。如果安全帽上緣蓋到視線上的話，就表示安全帽戴法有誤。

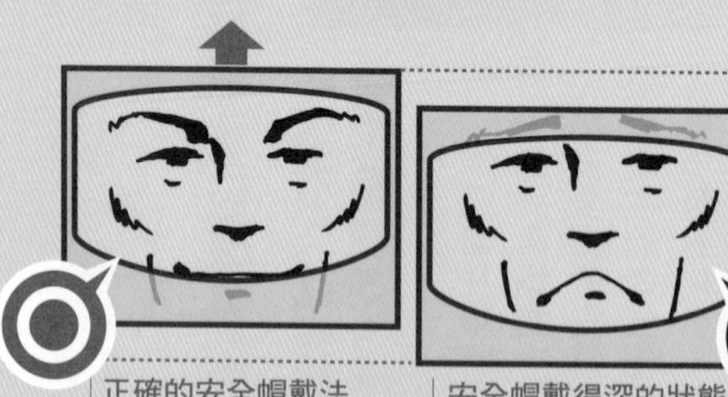

正確的安全帽戴法 | 安全帽戴得深的狀態

無論是哪一種形式的安全帽，通常戴得太淺都不會好看到哪裡去。這也是許多騎士會不自覺把安全帽戴得很深的原因。但由於安全帽戴得深，所以無法再用視線往上的方式來確認前方路況，這是一種本末倒置的做法。安全帽的上緣最好只戴到眉毛的上緣一點即可。

了。近年來摩托車用品店已經開始提供合身用具的量測服務，所以騎士只要花點心思謹慎選擇，一定能夠挑選到合身的安全帽。只要能夠正確穿戴安全帽，同時再搭配沒有餘贅負擔的騎乘姿勢的話，就可確實減輕脖子的負擔，建議大家下次騎乘時不妨自我檢測一番。

安全帽正確戴就很帥了！

有些騎士習慣把安全帽戴得很深，但其實這種戴法會讓下巴不自覺地往上抬高，建議大家應該以能夠用視線往上的安全帽穿戴方式並搭配扣帶使用，這樣才是既正確又帥氣的安全帽穿戴法。

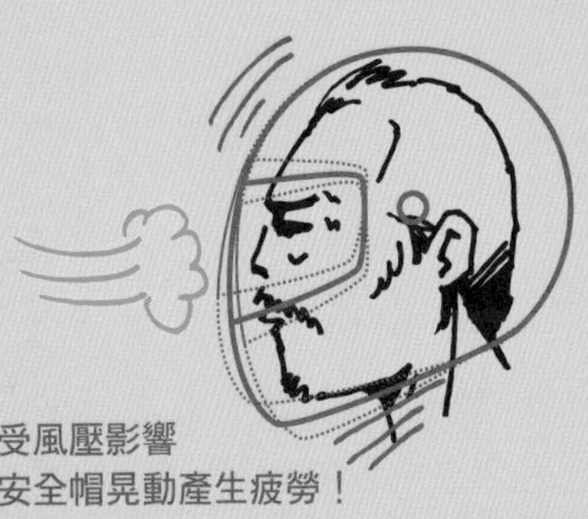

易受風壓影響
因安全帽晃動產生疲勞！

如果安全帽尺寸本身過大，無論把扣帶繫得多緊，都會在騎乘過程中受風壓影響而產生晃動，當然這對騎士的脖子也會產生莫大的負擔而引發疲勞。

超跑車款的專業車手
也是以視線往上為標準

騎乘姿勢需要極端前傾的超跑車款，騎士往往容易傾向下巴不自覺上抬，不過只要能夠正確穿戴安全帽，就可自然做出視線往上的騎乘姿勢。

對策 -3 過大尺寸的安全帽可是百害而無一利！

安全帽
越戴越深

擋住了視線往上
的正確騎乘姿勢

為了重新獲得視線
下巴必須上抬

騎乘姿勢
完全亂套

穿戴尺寸過大的安全帽
將會引起惡性循環

有些騎士會因為不喜歡受到安全帽的拘束而穿戴過大尺寸的安全帽，但是如果太過寬鬆時可能會因受到迎面風壓而使安全帽產生搖晃，此時視線自然也受到影響而無法往上。如此一來騎士下巴將會不自覺地上抬，使得騎乘姿勢開始亂套，使騎士陷入越騎越疲累的惡性循環。

肩膀手臂的痠痛

騎乘過程中，肩膀或手臂往往最容易疲勞，放著不管最終必將引發痠痛有這種傾向的騎士如果又沒有維持好正確的騎乘姿勢的話，便很容易傾向以手腕來支撐身體全部的重量

SHOULDER AND ARM

以放鬆上半身肌肉做為先決條件

在進行長時間摩托車騎乘時，騎士往往會從肩膀或手臂開始出現疲勞的感覺，最後甚至產生痠痛，想必有不少騎士都有過類似的經驗吧？尤其越是認為自己的騎乘姿勢沒問題的騎士，越是無法了解為什麼痠痛會找上自己。舉例來說，在進行高速騎乘時，為了支撐身體抵擋來自於前方的巨大風壓，騎士往往在不自覺中在手腕上施加了不必要的力量，如果騎士能夠採取稍微趴伏的姿勢，同時加強夾膝動作，便可釋放掉原本加諸在手腕上的施力。在摩托車騎乘時，騎士偶爾必須留意一下前述的注意事項，這是預防痠痛很重要的一個撇步。

另外，如果騎乘的摩托車是像超跑車款一般，屬於手把把位較低的車款時，騎士的上半身非常容易往前傾壓，此時壓力便會施加於緊握手把的雙手手臂上。手臂為了能夠足以支撐體重，往往會不自覺打直，而手臂一旦打直，騎士的肩膀便會開始直接承受來自車體的震動，因而增加疲勞感。為了改善這樣的情形，最好的方法還是藉由夾膝姿勢將騎士的下半身牢牢固定於車體，藉以讓上半身的肌肉力量得以鬆弛。雖然這邊還有一個方法，就是將上半身伏倒於整流罩上，藉以釋放作用於手腕上的壓力，但是這招最多只是緊急應用的臨時性作法，不太可能長時間對應。另外，如果在寒冷季節騎乘時，身體常會因容易僵固，而導致肩膀或者手臂不自覺地出力，為避免這樣的狀況，騎士應多注意保暖防寒措施，這樣不僅不容易失溫，也可以保護身體不受疲勞痠痛之苦。

痠痛的原因

如果手臂過於打直，車體的震動將直接傳導至肩部

✕ 手腕直挺挺 伸得又長又直

騎乘超跑車款這種手把位置較低的車款時，騎士往往不經意地就會把手臂打直。如此一來身體將受到直接來自車體的震動導致騎士的手腕以及肩部都會因施加餘贅的力氣。

○ 手肘保持彎曲 可保有自由空間

騎士若能夠用下半身牢牢夾住固定在車體上的話，原本手臂上的施力負擔便可獲得減輕。如果騎士可滿足這些條件的話，手肘應該自然可呈彎曲狀態。騎士可以在騎乘的過程中不時確認一下自己的騎乘姿勢是否符合上述條件。

在握住手把時，基本上就是要記住避免讓手臂伸得過直，在這個原則之下，首先就是要注意不要過度用力握手把。握手把的訣竅在於從手把外側（小指）開始逐一握住，如此一來手臂就不至於施加餘贅的力氣。而且這種握法可以讓手肘有輕微彎曲的空間，自然可讓手腕放鬆不用力，只要騎士留意下半身夾膝固定於車體即可。

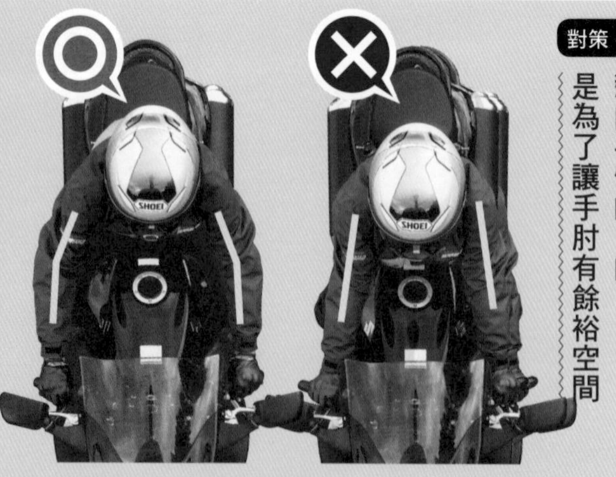

對策 -1

彎曲手臂的目的

是為了讓手肘有餘裕空間

對策 -2

如果保暖防護做得不夠身體將因寒冷而過度出力

對策就是做好保暖工作

即便具備優良的防寒效果，如果會對身體活動的靈便度造成妨礙與不便時，這種保暖大衣是要被扣分的。建議大家應該選擇高運動性、重量輕且具備高防寒性的騎士級防寒衣。同時要注意在領口以及袖口處是否有必要的防風處理。

冷天騎車時，騎士的身體會因為冷空氣與強風而凍得僵直，而且不只是手腕、肩部，甚至全身上下都因寒冷僵直而過度用力，這樣一來當然很快就會感到疲倦了。最好的辦法就是在防寒準備工作方面下功夫，寧願稍微過頭一點也不要因為少了而受寒。建議大家應該準備功能性較強的防寒大衣，讓身體全程保持暖和。

對策 -3

如果感覺手把距離太遠 以調校方式拉近距離

這一招雖然不是所有摩托車都可以適用的，但如果騎士發現摩托車的手把位置太遠，握手把時會導致手臂不得不伸直時，可透過調校設定將手把位置調整靠近自己一點，只要縮短個10㎜就會有完全不同的感覺了。另外，可找一些適合的零配件來進行改裝，請務必調整到最適合自己身材的騎乘姿勢。

對策 -4

避免另外背背包 應該多使用行李廂

經常可以看到有騎士背負後背包或側肩包騎乘，但這樣的動作其實對於肩膀或者手臂的負擔其實不小，如果只是短途騎乘也就罷了，但若要進行長途騎乘的話，建議應把行李放置在行李廂內，避免對身體增加任何負擔。當背負背包時，無論是肩膀或者是腰部都會因此增加負擔，毫無任何益處。

腰部的痠痛

即使是平時的一般生活之中，腰痛都已經是令人難以承受的痛苦，更何況是如果要保持同樣的姿勢騎乘摩托車呢，長途摩騎乘對於腰部確實會帶來不小的負擔。

WAIST

正確的騎乘姿勢是緩和腰痛的最低標準

人只要年紀稍長以後，往往多少都會受到腰痛所苦，以醫學角度來說，除了椎間盤老化問題以外，肌肉力量萎縮也是其中原因之一，即使只是在一般生活之中都有引發腰痛的可能了，若是長時間保持同一個姿勢來騎車，對於腰部的負擔確實不可小覷呢！

腰部的疼痛往往是令人難以承受之重，希望能夠減少緩和疼痛症狀也是人之常情，不過具體來說應該怎麼做才好呢？其實這還真的沒有適合所有人的標準答案。

首先希望大家可以儘量保持正確的騎乘操控姿勢，確認最適合自己體型的座墊位置後下腰坐好，伸出手腕準備握住手把時，必須讓手肘保留輕微彎曲的狀態，接著以下半身緊掛住車體並放鬆上半身，後背自然呈現弓起的姿勢，如果能保持此種姿勢的話，腰痛的狀況就比較不會發生。腰桿挺直的騎乘姿勢反而是引發腰痛的元凶，因為這樣的姿勢會讓腰部承受過當的力量，同時也會因沒有緩衝而直接承受來自路面的衝擊，這些都是導致腰痛產生的要素。

但即使採取正確的摩托車騎乘姿勢，在長時間的催化下還是免不了會發生腰痛，要想緩和這種疼痛感覺，最好是可以把姿勢做個變化。比如說把乘坐的位置稍微挪動一下，或者挪動一下放在腳踏上的雙腳等，更進一步來說，在不影響騎乘的範圍內藉由扭動身體動作來促進血液循環也是不錯的方法。另外，如果平日可以藉由運動來鍛鍊腹肌、背肌等提高肌耐力的重量訓練（不過實際上要做到卻還有點難度）。其他還有一種懶人包的方式，就是穿戴可以輔助肌力的皮帶，藉此減低腰痛的程度，這些都是建議有腰痛困擾的騎士絕對要試試看的技巧。

痠痛的原因

直挺挺的後背就是導致腰部痠痛發生的肇因

✕ 手腕過於伸直讓後背呈立正狀態

「腰桿要打直才是有精神的正確姿勢」，相信許多人小時候都是這樣被教育的，但是騎車的時候，這樣的標準可就不一定是百分百正確了，因為這樣的姿勢其實會導致從後背到腰部之間的椎間盤受到壓迫，非常容易引起腰痛。

○ 手腕留有餘裕空間後背呈彎弓曲線

如果是正確的騎乘姿勢，騎士的後背應該呈現些許圓弧曲線，也就是有一點彎弓般的曲線形狀，這種姿勢對於後背以及腰部的負擔最小，對手腕或者脖子肩膀等處也不會有多餘的施力作用。可將引起腰痛的可能性降至最低。

對策 -1

以正確的騎乘姿勢跨坐上摩托車

保持正確的騎乘姿勢，乃是預防腰部痠痛，甚至後背、脖子、肩部以及手腕等全身上下各處不致產生疲勞或痠痛的最低條件，首先必須確認適合自己身材的位置下腰坐好，然後兩手腕往前方伸出後沿著手把外側以環抱方式輕輕握住，最後手肘輕輕往外側彎曲的程度將上半身往前傾斜，以下半身勾夾住車體後，直到上半身放鬆的狀態就OK了。

對策 -2

藉由夾膝方式分散作用於腰部的體重

穩穩坐上後體重將集中於腰部

以正確的夾膝動作擴散體重

想必大家都知道夾膝騎乘在騎車時可發揮穩定車體的效果，事實上夾膝騎乘亦可穩定下半身平衡，進而讓上半身可以順利且有效放鬆。相反地，如果騎乘時沒有夾膝，可能會導致體重由腰部以及臀部來分擔，這樣很容易導致腰部或者其他部位產生疼痛。

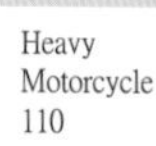

對策 -3

在騎乘過程中亦可適度嘗試活動身體

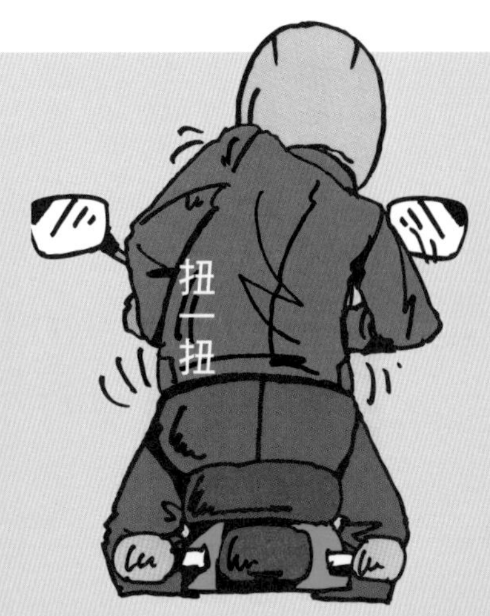

身體在運動的過程中促進血液循環同時減輕痠痛

如果維持同樣一個姿勢持續騎車的話，對腰部確實有害，雖然維持正確的騎乘姿勢可以某種程度減輕傷害，一旦騎乘時間過長，腰痛還是會如影隨形地接踵而來，建議在騎乘的過程中可以在不影響騎乘操控為前提，扭動身體以促進血液循環。

即便是NG姿勢偶而也是OK的

基本上挺直腰部的騎乘姿勢並不正確，不過，如果因為太過執著於正確的騎乘姿勢而使腰部產生痠痛也未免矯枉過正，所以偶爾在騎乘時挺直一下腰部伸個懶腰其實也是舒緩筋骨的一種方法。

手部的痠痛

當手掌或手腕產生疼痛感，往往原因都是出在騎乘姿勢不良上如果是在手腕上施了力，當然就會加諸負擔於手部外，也有可能因為手把角度或間隔等，與手部姿勢不合而導致痠痛產生。

HAND

當手部產生痠痛感時連帶使得騎乘操控也受到影響

如果感到手掌產生痠痛感時，就足以證明騎士的手腕過度用力，如果手腕打得太直而以手腕支撐身體體重時，將使得作用力直接傳導到握住握把的手，此外還必須加上來自把手的衝擊之下，要想不痛恐怕都很難。建議大家應該先針對騎乘姿勢進行修正，讓手腕擁有足夠的餘裕。

手腕處產生疼痛的道理也是一樣的，大家應該檢視一下自己在騎乘時是否忘記要保持手腕的彎曲狀態？舉例來說，如果拉桿的角度太過向上的話，在操作時手腕必須做出大角度彎曲的動作，這當然容易導致疼痛產生。如有上述現象的話，建議大家應該調整拉桿角度，把手指伸直後，可讓第一指節可以掛在拉桿的程度最佳。

另外，如果拉桿與握把之間的間隔距離過大時，也會在操作時對身體產生負擔。如果手把上有調節器設備的話，建議應配合騎士的手掌大小進行調校。

另外，如果使用冬季用的厚手套時，也應記得與夏季用手套不同，必須把間隔調整得稍微窄一點，否則便不算正確的設定，騎士這種臨機應變的能力是非常重要的。

附帶一提，在握住握把時，騎士應避免朝握把的內側握，而是應該從外側開始輕輕地往內側握住。如此一來就可以避免在手把上施加多餘的力道。

只要騎乘的姿勢夠正確，握法自然也就八九不離十。所有看似輕微的小動作，其實都是決定摩托車騎乘姿勢正確與否的重要關鍵。

痠痛的原因

握手把的方式如果不正確 當然痠痛跟著上身

✕ 從握把的內側握住握把

以手把內部為支點的方式握手把時，很容易便會在不經意中施力而不自知，更何況手腕也很可能不自覺伸長，當然騎士可以在剛開始時有意識性地放鬆肌肉，但在騎乘的過程中往往會在不自覺中又緊握了起來。

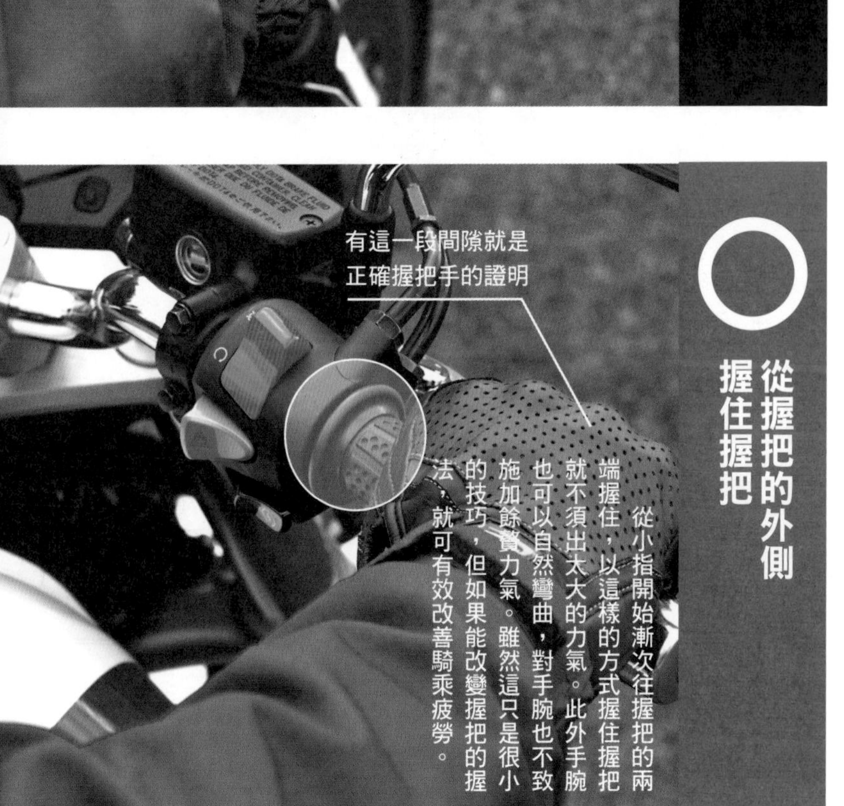

○ 從握把的外側握住握把

從小指開始漸次往握把的兩端握住，以這樣的方式握住握把就不須出太大的力氣。此外手腕也可以自然彎曲，對手腕也不致施加餘贅力氣。雖然這只是很小的技巧，但如果能改變握把的握法，就可有效改善騎乘疲勞。

對策-1 確實了解握把的正確握法

STEP1

STEP2

STEP3

其實很多騎士未必真正了解正確的握把握法，既然握把是操作油門加速的重要部件，至少在操作的施力大小方面就必須更認真注意，如果握的是握把內部的話，騎士很難放掉手腕的施力。既然如此應該怎麼辦呢？首先應該自握把外側上方輕鬆把手放到握把上。此時注意手腕尚未呈彎曲狀態。接下來從小指開始輕輕逐次握住握把。如此一來就不會有手腕的餘贅外力了。

對策-2 進行油門操作時 應矯正握把的位置

正確的握把握法應該是在操作油門時手部的彎曲狀態是很小的，如果是在保持持續油門開啟狀態下騎乘時也可採分段操作以減輕手腕的下彎程度。此時若要微調油門，手腕雖然必須往內側轉動，但由於手腕還有一點餘裕所以並不會有施力過度的問題

從一開始就以手腕彎曲的狀態握住握把時，油門操控將非常不方便，另外，在高速騎乘需要維持油門開啟狀態的操作時，也會讓手腕因此保持長時間施力下彎的狀態，如果一直持續保持這種姿勢騎乘的話，當然會加深手腕的負擔而引發痠痛。

對策 -3

藉由煞車操作方式降低疼痛程度

在確認夾膝動作確實可支撐體重後，操作煞車時可拉動拉桿來進行，對手腕或手部都較無負擔，當然這樣對手把的施力作用也會降低，可有效降低不穩定動作的發生機率。

騎士在操作煞車後，身體會受慣性影響往往會朝前方傾壓，此時為了支撐身體手腕會因此承受一定的壓力，使得握住握把的手因此更加用力，結果就是導致在把手上施加了過多餘贅的施力。

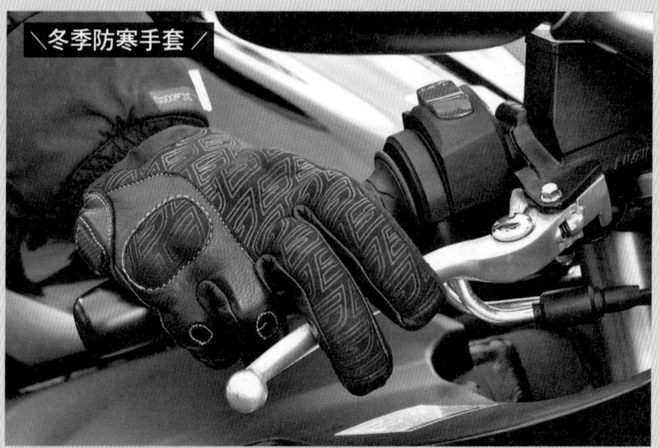

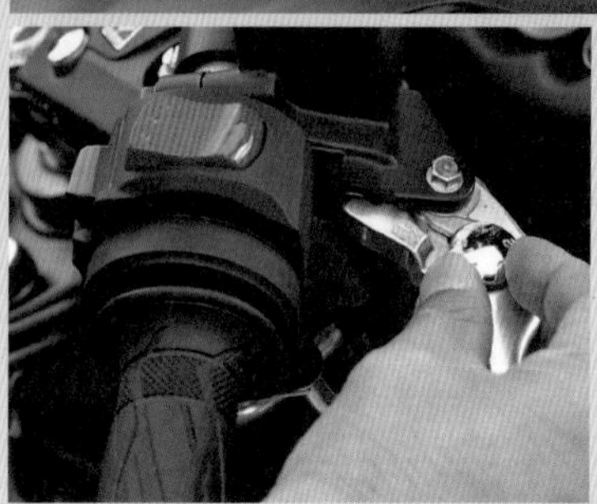

調校拉桿角度位置以適合騎士的穿戴配

如果摩托車上裝置有拉桿調校器的話，可以透過調校讓拉桿位置搭配手掌的大小，尤其是騎士穿戴厚重防寒手套時，更是應該配合實際狀況加以調節。

膝蓋、大腿的痠痛

夾膝騎乘技巧是摩托車騎乘的重要因素，不過並非一味用很大的力氣夾膝就是對的，另外，如果膝蓋的彎曲幅度過大過緊也會加重對腳的負擔。

KNEE AND THIGH

偶爾伸展一下彎曲已久的膝蓋可連帶促進血液循環

如果騎士感到膝部、大腿或者腳踝等處有痠痛感時，大多是因為下半身被迫壓迫於非常侷限的姿勢的關係。舉例來說，近年來為了改善騎士腳底踏地的需求，許多車款皆陸續改採低坐墊，但對於有些身材較高大的騎士而言，騎乘這類車款時膝蓋彎曲的狀況將非常緊繃，說得極端一點就好像是日本式的跪坐一樣。

如此一來不僅血液循環不順暢，最後連腿部都將因此疼痛，如果您的愛車配置有高度可調式坐墊的話，建議在休旅騎乘時將高度調節得高一點。另外，如果原本就是以休旅騎乘為主的話，建議可考慮應該更換一個高一點的坐墊。

如想稍微緩和一下膝蓋的彎曲緊迫狀態，腳底踏在腳踏上的位置可稍微嘗試往前方挪一點。另外，騎乘途中稍微站立一下也是可促進血液循環的有效方法。

如果騎士感覺腳踝有痠痛感時，很可能原因出在於踏桿的高度設定不正確，不過關於此點大部分的摩托車都有設定調校的功能，所以可以配合實際需求進行調整。

除了騎乘操控以外，夾膝動作也是非常重要的，但這絕對不是表示應該用盡吃奶的力量來把油箱夾得緊緊的，一般而言應該是無需勉強讓大腿自然夾住油箱即可。

此外就是配合煞車操作，有必要時再強化夾膝力度即可，最重要的就是無需把油箱夾得過緊。

痠痛的原因

膝蓋彎曲狀況過於緊繃導致腿部出現痠痛或者麻痺感

如果膝蓋的彎曲太緊繃痠痛很容易就出現

有些採用低坐墊規格或者像是超跑車款，在騎士乘坐的位置與腳踏之間的間隔是非常狹窄的，這樣的配置當然會讓騎士的膝蓋彎曲狀況非常緊繃。以極端的例子來說，甚至會讓人體的血液循環能力降低，誘發腿部整體的疼痛感。

究竟該以腳底踏地為先還是以騎乘的舒適性為先

LOW | BMW K1600GT

HIGH | BMW K1600GTL

東方人的體格較為嬌小，連帶使得腳底踏地與否的要素相對地變得更加重要，進一步地選擇低坐墊配置的騎士不在少數，但若要長時間騎乘的話，還是以能夠紓緩膝蓋彎曲狀況的高坐墊配置較能獲得舒適的騎乘感。

對策 -1

即便是夾膝騎乘 也必須適度釋放力氣

大家都知道夾膝騎乘的基本功就是利用大腿部位夾住油箱以提高穩定性，但是如果一昧地使勁緊夾油箱不放，一趟長途騎乘下來不痛死也累斃。其實騎士只要保持讓腳板朝向前方然後自然放在腳踏上的話，就可以絲毫不費力地達到夾膝效果，也就是說即使毋需用力也會自然呈現夾膝狀態。注意到夾膝動作雖然是非常重要的，但如果過度用力的話反而會演變成造成痠痛的肇因，只有在操作煞車等特殊情況時，才會需要用力夾膝以取得平衡穩定。

配合自己的身材調整設定 最適合的踏桿位置

如果踏桿的位置太高，反而會帶給騎士的腳踝過度負擔，其實踏桿的高度是可以自行調節的，建議大家出遠門前一定要檢查並適度調整。

對策 -2

應活用高坐墊以及原廠坐墊的調校設定功能與結構

BMW R1200RT

DUCATI DIAVEL

當騎士發現膝部彎曲受到窘迫，可藉由更換高坐墊來和緩此一窘迫的狀況，另外，如果是可調整高度的坐墊時，只要調高座墊的高度，就可享受無壓力的騎乘之樂。

對策 -3

將腳踏位置往後方移動藉以增加夾膝動作的支點數量

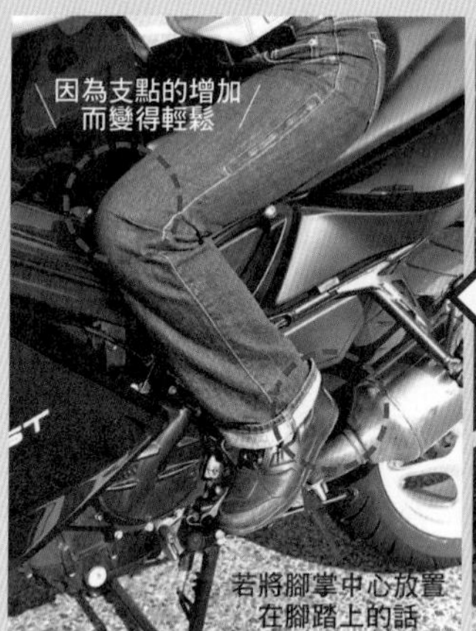

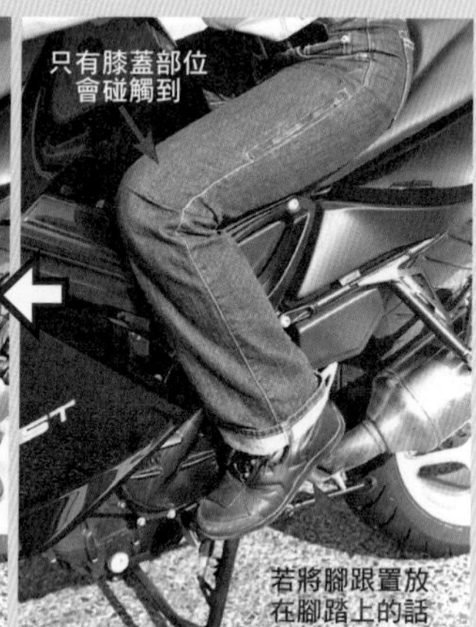

▲ 夾膝動作就如同字面上的意思一樣，是騎士利用膝蓋的力量來夾住油箱，並連同使用腳踝使下半身獲得穩固的平衡，只要稍微挪動腳板往腳踏後方挪動，就可讓腳踝輕鬆自然夾住車體。

活用腳踝護蓋

▶ 換檔踏桿通常都會搭配腳踝護蓋一起裝置，當騎士必須利用腳踝進行掛車夾膝時，可利用這一塊腳踝護蓋來支撐腳踝。

臀部的痠痛

「啊～臀部好痛啊！」大家是否覺得在長途騎乘之後經常聽到這句話？既然是長途騎乘，臀部都貼在座墊上那麼久了，會痛也是理所當然的儘管如此，想稍微減輕身體部位的痛楚也是人之常情對腳的負擔也會因此加重

HIP

如果感到臀部疼痛可切換坐的位置來改善狀況

騎士如進行長距離、長時間的摩托車騎乘，幾乎沒有臀部不痛的道理。如果說使用的是可以分散臀部乘坐壓力的寬座面坐墊的話可能倒還好，但如果座墊的寬度跟越野摩托車一樣窄小的話，和臀部的接觸面積必然驟然縮小，使得承受體重的壓力大增，照這樣子的話跑不到一百公里就會開始覺得痛到不行了。

而臀部一旦開始痛起來就很難處理了，最糟的狀況恐怕是連想集中精神專注騎乘都不可能，這可是會影響到騎乘安全的。

如果遇到這樣的狀況，最好的方式就是先休息一下，藉此機會按摩一下屁屁，促進身體血液循環流通，如果連休息的時間都沒有，必須一直保持騎乘狀態，那麼在騎乘過程中不妨稍微挪動一下臀部，或者是把臀部稍微抬起來以減少施加於臀部上的壓力，只不過此時要注意避免在手把上施加了多餘的力道。

如果在改裝套件中有合適的特別加厚型坐墊，則可以透過改裝方式增加坐墊厚度以減輕臀部的痛楚。另外，有些市售特製的耐衝擊型吸震素材產品，也可利用這些配件裝置在坐墊上以解決以上問題。

在天氣比較寒冷的時期，也有騎士會穿著內裡塞棉花的摩托車騎乘專用褲，這也有減輕臀部疼痛的效果。另外還有一種方法是穿著帶有襯墊的內褲來保護自己的小屁屁。

無論是哪一種方法，都無法保證有絕對的保護屁屁的功效，但可以將幾種對策搭配組合使用，藉以降低來自坐墊對臀部造成的壓力。

在享受摩托車的騎乘之樂的同時
卻總是因痠痛感而大煞風景
究竟有無有效的改善方式？
SHOEI
HONDA
練馬C つ
47-30

對策 -1

騎乘途中
不嫌麻煩多活動臀部

如果面對臀部的疼痛只會用一招忍到底的功夫而持續騎乘的話，可能騎士的精神集中程度將會越來越差。果真如此的話，倒不如在騎乘過程中把坐的位置稍微挪動一下，或者把臀部稍微往上抬一下，藉以減少乘坐時從坐墊帶給臀部的壓力。建議大家在騎乘過程中，在保持騎乘安全的前提下，多多挪動一下臀部，減少因騎乘帶給身體的負荷。

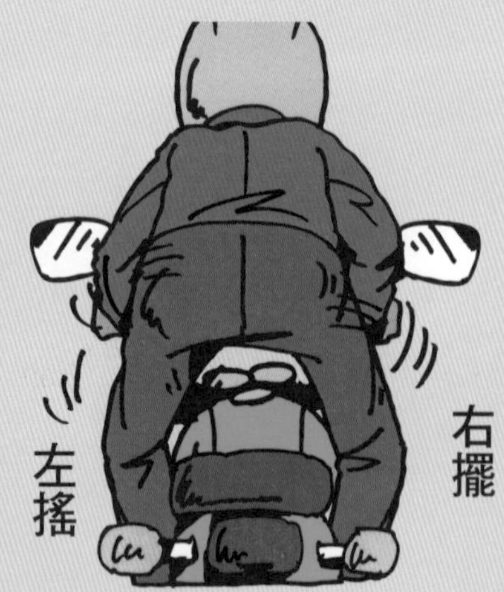

疼痛的原因

長時間騎乘導致所有體重
皆集中施壓於臀部上

雖然臀部是人體部位中看起來脂肪集中最大的部位，可是一趟長途騎乘下來也是會痛的，那是因為臀部的大臀肌受到體重壓迫，使得血液循環不良而因肌肉收縮所產生的疼痛，而且一旦痛起來，就會痛到讓人坐立難安，此時最好的方法，就是分散加諸於臀部的座壓才是上上之策。

對策 -2

降低造成臀部疼痛的因素

有效利用方便的輔助工具

對摩托車騎士來說，解放臀部因騎乘而疼痛恐怕是永遠不變的課題，也因此市售的舒適座墊的純正改裝套件才會賣到嚇嚇叫，另外像是使用緩衝材質輔助坐墊等商品也多有陳列，建議大家可依據自己的需求活用這些便利的輔助工具。

痠痛的原因

為了優先解決雙腳著地的問題

削薄的坐墊容易導致臀部疼痛

現行許多摩托車為了改善雙腳著地的問題而採用低坐墊設計，確實在經過這樣的改良後改善了騎士雙腳的著地問題，並且有效降低因車架過高而不慎摔倒的比率。但是低坐墊原本就是犧牲了中間的填充材才得以削薄坐墊，如此一來無論是吸震性或是耐衝擊性都被一併犧牲掉了，這樣再進行長時間騎乘，臀部馬上就痛起來。到底雙腳著地問題孰輕孰重，這是令許多騎士難以抉擇的大哉問。

身材迷你

更簡單、更舒適的摩托車騎乘

手掌
纖細嬌小

專為身材嬌小的摩托車騎士特設的愛車舒適化講座

F O R W O M E N

手無縛雞
之力

後背伸得直挺挺的

為了要能夠盡量靠近手把
使得騎士的身體變得更向前傾。

腳部位置看起來非常不自然

由於騎乘車身體過於緊繃所以看起來
很不自然。當然也就無法達到自然夾
膝的姿勢標準了。

得太過前面

是為了要能夠將手把位置更拉
一點，騎士不自覺坐在座墊前
傾得不自然。

一般來說女性摩托車騎士在身材方面比男性嬌小，力氣也不夠，即使身材條件差異大，可是所騎乘的摩托車跟男性是一樣的，在操控方面難度較高。

事實上有許多身體產生疼痛之處也和男性有所不同，接下來編輯部將針對好發於女性騎士的疼痛因素進行原因與對策分析。

女性騎士總是比男性更難維持正確的騎乘姿勢

跟男性相比之下，女性的體力較弱，光是要讓一台笨重的重型摩托車動起來就是一項費力的作業。另外，由於女性體格嬌小，雙腳著地困難也經常是女性騎士揮之不去的夢魘。除此之外，因手把距離較男性遠，女性騎士總是比男性騎士更難維持正確的騎乘姿勢。

不過，如果因為女性天生的差異而放棄改善的努力，那只會使錯誤的騎乘姿勢永遠沒有改善的一天。如果因為騎乘姿勢的錯誤而招致損害，例如身體的疲勞提早出現、或者身體各處都產生痠痛的感覺，等到這時才發現事態嚴重的時候其實已經為時已晚。

因此編輯部將從女性的觀點與角度，考量如何改善令女性騎士困擾的身體部位痠痛問題，並提出改善的建議。

本次編輯部有請女性摩托車騎士代表、同時也擔任賽車女郎及模特兒工作的HANA小姐來跟大家分享自己的經驗，同時與大家共同檢視令人困擾問題的根源。

基本上，保持正確的摩托車騎乘姿勢的重要性是無須再強調的。為此除了要針對所有可操作性元件配合騎士嬌小的身材進行調校設定以外，依據需求的不同也有必須更換改裝套件的可能。為了減輕對身體的負擔，女性騎士必須比男性騎士注意更多細節處，讓我們繼續看下去……。

不論是取材或騎車都要加油！

Racing Queen
HANA小姐

日本方面的特約外景採編，也經常參加社內大大小小的會師活動，持有大型摩托車執照，是位巾幗不讓鬚眉的流行騎士，身高158cm。

手腕上施力過度
使得手腕接近打直狀態

NO MORE PAIN!

解決▶將手把位置與騎士靠近 讓手腕擁有更餘裕的空間

特別是當騎乘大型摩托車時，越是身材嬌小的女性就離手把位置越遠。因此很容易變成腰部挺直且手腕伸直的奇怪騎乘姿勢。要改善這樣的問題首先應該把手把調整朝騎士接近。如果是直把型手把的話，只要改變安裝角度就可稍微接近騎士一點。除此之外，大家也可多多利用改裝套件來將手把位置朝自己或者上方調整。

調整手把

▲ 如果是採用低把或平把的無罩街車，可用扳手來變更手把角度，當然這裡所說的並非是特別高或特別低的那種極端設定，但如果經過某種程度的調整設定的話，可將手把調整到合適自己的位置。

CHECK

▶ 只要稍微鬆開固定手把用的冠座，就能夠輕易調整手把的角度。

手把的標準設定會使得女性騎士手腕必須打直，如此一來也無法讓女性騎士做出正確的騎乘姿勢。

更換手把

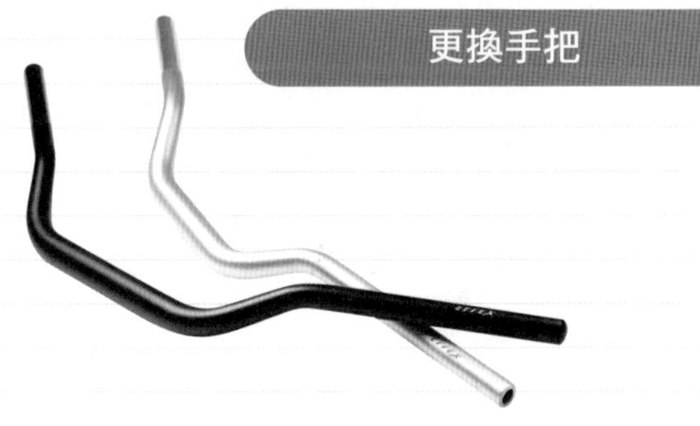

手把在各種改裝套件之中在數量上占有一席之地，大家可根據自己所騎乘的摩托車車款選擇最適合的商品，在更換後應該會有不錯的操控手感。

將手把安裝方向上提

另外也可找尋可將手把位置往上提高的改裝套件，為了防止騎士的身體往前傾，更換可上提的手把也是解決問題的選項之一。

操作離合器的動作會讓左手感到疼痛

NO MORE PAIN!

解決▶ 調整手把的重量 並且配合手掌的大小 儘量找合適的產品

女性的手掌比男性嬌小，想當然爾在操作拉桿時也會比較辛苦一點，不過近年裝配有拉桿調節器的車款已經越來越多，建議嬌小的女性騎士可以配合自己的手掌大小調校最適合操控的設定。另外要注意的是拉桿的角度太高太低都不好，也別忘了針對拉桿角度做適度調整，如果是鋼絲型離合器，平日保養時要注入潤滑油以保持一定潤滑度。

更換拉桿

如果就連調節後都還無法找到合適的設定，或者摩托車並沒有裝配調節器，還有一種解決辦法就是更換為可調式拉桿，這種拉桿還有動作省力的優點。

NG

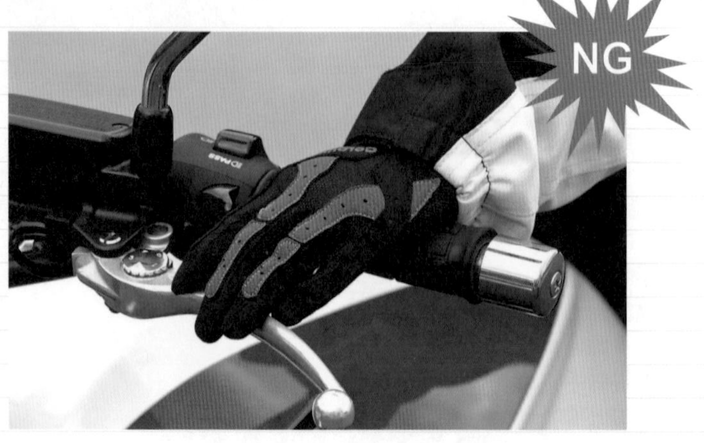

拉把的間隔過遠，就會因為手指無法拉動而難以作出靈活的操作，所以一定要確實調整！

調整拉桿的位置

如果本身就裝配有調節器的拉桿，騎士可以配合自己手掌大小調節至適合自己操控的設定。只要稍微轉一下調節器就可以簡單獲得最合適的操控性。

騎乘時腳的踏放位置不佳不論是腳踝或者腳脛都有痛痛危機

NO MORE PAIN!

解決▶確認腳踏位置以及腳踏高度

將腳放到腳踏上時，最理想的狀態就是可以自然產生夾膝效果，此時要注意無論排檔桿或者腳煞車踏桿都應該可以正常操作，無論踏桿太高或太低都不是正確的操作位置，建議一定要確實調整。無論如何，對騎士而言避免對腳踝造成負擔是最重要的。

NG

更換腳踏

在騎士進行騎乘操控時，其實腳踏的操作是非常重要的，可視個人需求把腳踏以及排檔桿通通更換為更合乎操控的版本，市面上有許多這類型的改裝套件。

◀ 如果腳踏的角度過低，騎乘者不僅無法切實進行操作，也可能會因此影響到正確的騎乘姿勢。

調校腳踏位置

無論是換檔踏桿或者煞車踏桿都是可以單獨進行高度調整的，雖然調整需要透過工具，但並非什麼困難的作業，建議大家一定要配合自己需要進行調整。

刺痛!!

徹底解決「耳朵」的痛苦!!

騎士往往因為戴眼鏡或者無線電耳麥而引起耳朵疼痛，相信有不少騎士都有類似的經驗而有苦說不出，究竟有沒有什麼可以一勞永逸解決此一困擾的良方？

有何方法可讓戴眼鏡的騎士脫離耳朵疼痛的困擾

一般騎士在穿脫安全帽時，一定都會覺得如果還要事先把眼鏡（如果有的話）摘掉這個動作實在太麻煩，但是戴隱形眼鏡太麻煩，又不可能為這個原因去雷射。因此有許多騎士還是免不了戴眼鏡騎乘的宿命。但是就是因為戴了眼鏡，讓

眼鏡鏡腳處理對策

BEFORE

SIDE

如果騎士戴的是塑膠鏡框眼鏡的話，通常這種鏡架都比較厚實，往往容易造成耳後根疼痛，另外塑膠鏡框也很容易因汗水而滑動，往往一不小心整副眼鏡就滑到鼻頭上去了！

許多騎士深受耳朵疼痛的困擾。

當然其中最大的問題就是掛在耳朵上的鏡腳，而且在戴上安全帽後，更容易受到安全帽內襯的擠壓，由於在眼鏡的鏡腳耳朵後根部位，連帶引起側頭部或者耳朵的疼痛感幾乎是理所當然的事情，而為了緩和這樣的疼痛感，建議大家可以改戴鏡腳採用較薄材質打造的眼鏡。同時，安全帽的部分最好也選用貼耳部位的內襯較薄的款式，這也是降低耳朵疼痛的手段之一。

跟大家告知一個好消息就是無論Shoei或者Arai的產品都已經採用將眼鏡鏡腳通過的空間預留下來的設計，而Kabuto的安全帽甚至有專為眼鏡鏡腳預留空間的內襯產品，如此親切的設計，當然可以大大降低因眼鏡鏡腳而讓騎士耳朵疼痛的問題。

專為摩托車騎乘所開發的Riding Eye Wear產品，即使戴著安全帽也完全不妨礙眼鏡的摘戴，此外鏡片部分跟五官相當吻合，不會產生滑動，即使以上緣視線方式騎乘也毫無問題！

採用金屬鏡架的眼
鏡腳較薄，穿戴容易
同時對遭受外部衝擊
也有較高強度。

如為塑膠鏡框，可
較不耐頻繁的穿戴次
而導致斷裂，因此最
避免穿戴安全帽時使
此種鏡架。

對策

另行配戴摩托車騎乘專用眼鏡

騎士在每次脫戴安全帽時，都必須要重覆摘戴眼鏡的動作，這會加速眼鏡鏡腳的劣化程度，因此建議每次騎車前更換為金屬鏡架的眼鏡，還要選擇鏡腳較薄的產品，如此才能更輕便通過安全帽的內襯，減輕耳根負擔。

Kabuto安全帽甚至為戴眼鏡的騎士準備了眼鏡鏡腳專用溝槽，如果產品有這種溝槽設計，就會以左列圖式方式加以說明。

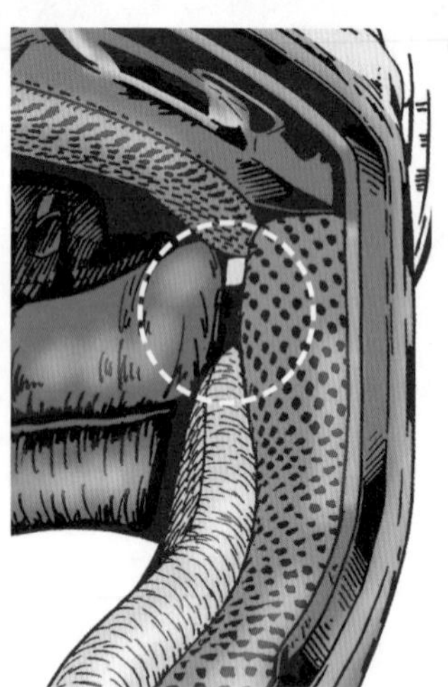

對策

選用為眼鏡鏡腳預留較多空間的安全帽

以往市售安全帽產品都沒有為眼鏡鏡腳預留空間，所以往往很難在戴好安全帽後再戴眼鏡，加上鏡腳受到安全帽內襯的壓力而對耳根子產生壓迫，往往因此產生疼痛。不過現在的安全帽內襯已經都有設計讓鏡腳通過的空間，這對平時就戴眼鏡的騎士來說不啻是一大福音，請大家務必有機會一定要記得試試看。

對策

使用摩托車騎乘專用眼鏡

這種專為摩托車騎乘而設計的眼鏡，讓騎士在穿戴安全帽時不僅不受拘束，也不用擔心是否會造成眼鏡鏡腳破損，同時在鏡框上採用的是適合臉型的立體造型。這種特殊眼鏡不會因汗水而走位滑脫，戴起來相對舒適，對眼鏡騎士來說不啻為一項福音。

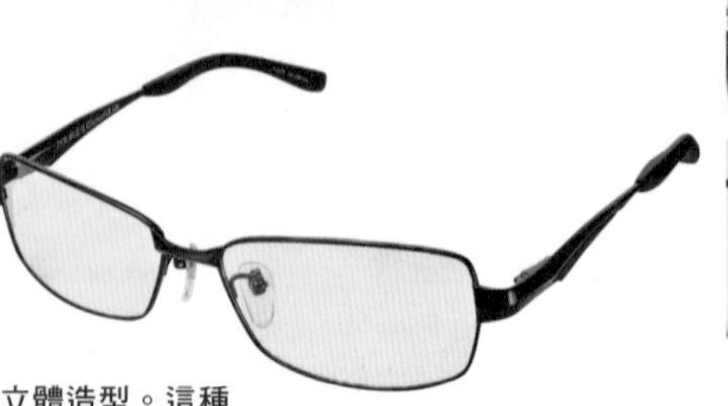

堅固的鼻托墊採用方便穿戴的設計，而符合臉型的形狀也是其特徵。

無線電耳麥的對策

錯誤的認知造成耳朵受到壓迫的痛苦！

相信許多騎士都曾經有過因無線電耳麥壓迫耳朵，而造成耳根子非常不舒服的痛苦感。雖然說這種痛苦是因為無線電耳麥與耳朵之間相互干涉所造成的，但根據開發B＋COM耳麥開發者SYGN HOUSE所做的調查發現，其實許多問題的根源是出在有非常多的騎士弄錯了耳麥的裝置方法與位置。

儘管現在的安全帽產品中也有許多款式是採用耳槽式設計，但如果將耳機放這個凹槽的正中央就大錯特錯了。耳機的真正理想位置應該是在是在吊環的最底端位置，如果裝在這個位置就可防止與耳朵之間的干涉問題產生，更可聽到原來預設的聲音品質。無論是安全帽製造廠或者無線電耳麥製造廠都會給與相同的建議。

究竟耳機正確且理想的戴掛方式為何？

耳朵中心是錯的

一般人多會誤認耳機的戴掛位置應該在耳朵的正中央，雖以整個耳朵來說或許是正中心的位置，但卻也是耳朵與耳機之間最容易產生相互干涉的位置

配合耳道的位置

一旦當耳機配合耳道位置戴掛後，就會自然而然成為紅色圈圈所在的位置，從聽覺角度來說，紅色圈圈的位置也是對耳朵的聽覺最為理想的配戴位置

為了防止與耳朵之間的相互干涉，使用小型耳機也是一種解決的辦法。

常會搞錯的位置

儘量調整耳機高度
提升耳機與耳朵之觸感

耳朵與耳機之間的距離可說是相當重要，太近的話耳朵會痛，太遠的話卻又無法享受到耳機原本的音質。騎士可以在安全帽戴好後，嘗試以魔術帶調整，以達到耳機與耳朵之間最合適的距離。

對策

要調整至最適當的位置才不致造成騎士耳朵的疼痛！

如同本頁中所介紹，要實現耳朵與耳機之間理想的相對位置，最好的辦法就是將耳機設置在吊環最底部的位置，而一般騎士最容易出現的錯誤就是把耳機戴在如圖所示的耳朵正中央的地方。另外，在戴好安全帽後，別忘了用手指再次調整耳機位置，也是防止耳機錯位的有效辦法哦。

保護自己

不受外部「噪音」的傷害

雖然不是直接對身體帶來痛苦傷害，但是令人不愉快的噪音問題確實有可能誘發身體產生疲勞，在摩托車騎乘途中，沿途各式各樣的聲音都會進入騎士的耳中。從另一個角度來看，其實這也算是旅途中的另一種風情，但無論是排氣管或者風切噪音，在這些騎乘噪音中其實也悄藏著痛苦。

一直壓迫你到精神極限～

咚～

鏘～

從排氣管出來的轟轟排氣噪音

如果是排氣聲浪也就算了 萬一只是排氣噪音 簡直就是累積疲勞的元凶

從排氣管中所發出的轟轟聲浪對於其他車輛而言有識別己車存在感的作用，換句話說也算是一種安全識別。如果聲音夠悅耳的話，就是一路騎乘時的加分項目，但如果只是一連串的噪音的話，其實不旦會給週遭的人帶來困擾，騎士本身也會因此加劇疲勞感。如果騎士本身就是不斷產生噪音源的角色，那自然表示全程都被噪音緊緊跟隨，這種魔音傳腦的時間久了，衍生出來的痛苦感只是遲早的問題。

叭叭叭叭

解決方案

政府認定合格的排氣管就不會有受噪音壓迫的問題

更換排氣管在台灣一直是有爭議的改裝項目，好在日前新北市環保局陸續公布認證合格的排氣管，讓騎士們可以安心改裝上路，所以建議最好選用有政府單位所認證合格之商品，除了可以解決排氣噪音外也能避免執法單位帶來的無謂困擾。

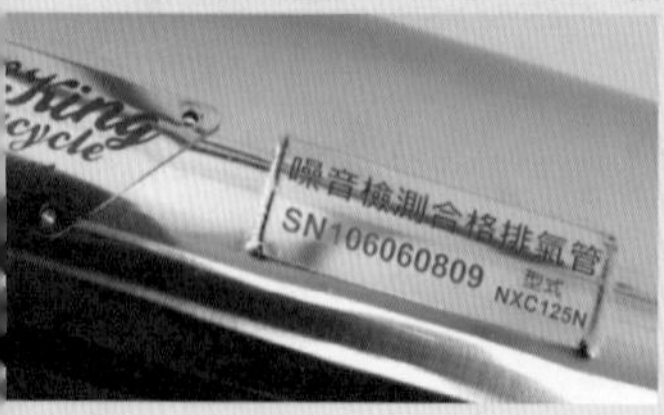

噪音檢測合格排氣管
SN106060809
型式 NXC125N

「衣著的震動噪音」

騎士的衣襬震天價響
不僅產生不快的噪音
也影響到騎士的疲勞感

騎士的衣襬如受到騎乘時迎面風的吹拂而迎風振動，整幅畫面看起來就給人印象不佳的感覺，更何況衣襬受風吹拂會產生「叭噠叭噠」的噪音，如果要受到這種聽覺虐待達數小時的話，相信精神壓力累積下來也是不小的負擔。

還有就是衣襬的震動會形成摩托車騎乘的阻力，嚴重的話，可能會波及騎士的身體而跟著一起晃動，如果一直以這種狀態騎乘時，也是會對身體產生直接的疲勞負擔。

解決之道就是儘量穿著身體包覆性佳的衣物，如此一來所有問題皆可迎刃而解。

解決方案

在選用騎乘衣著時一定要以合身貼身為主

越是標準的摩托車騎乘專用衣著，越能展現良好的運動性並且完全貼合身體，這種專用衣著在許多重要部位都會設有調節裝置，可配合騎士的身材進行調節，只有這樣的衣物才可防止騎乘疲勞。

「來自安全帽的風切噪音」

騎士必須正確戴好安全帽以防止安全帽的風切噪音

除了來自於安全帽鏡片間隙的風以外，也有來自於從下方灌進的風，這些侵入安全帽內的風都會產生噪音，也就是所謂的「風切聲」。

這些所謂風切噪音都直接發生在騎士的耳朵週遭，令人難以忍受，雖然跟音質或音量都有關係，但仍然會讓騎士累積壓力而引起疲勞。不過最近的安全帽產品提升了空力特性，同時加強本身的密閉性，儘量降低風切聲發生的機會，因此騎士只要選擇適合自己的尺寸，同時正確配戴安全帽的話，風切噪音的問題應該都可以有效降低才是。

解決方案

選用尺寸貼合的安全帽並且正確配戴

即使騎士已經選用了正確尺寸的安全帽，但如果配戴不正確，不僅可能受風壓搖動，也會產生令人不快的風切聲。建議最好確實鎖緊顎帶，讓安全帽完全扣緊不搖晃，如此一來就可將令人不快的風切聲隔離於安全帽之外了。

「行李固定帶的噪音」

搭載於摩托車上的行李物品其固定用行李帶也是噪音的來源

如果摩托車上裝載有側邊行李箱或者車頭行李箱等硬質行李箱的話，應該不會有這樣的問題。但如果是在一般摩托車的後座搭載附加型行李袋之類的東西的話，建議最好事先做好防範，不要讓行李固定帶或繩類的東西產生震動噪音。雖然只是極小的一件事，但如果長時間讓這些固定繩帶產生震動噪音的話，騎士的心情一定多少會受到影響。因此雖然必須花費些功夫，但在使用這些固定繩帶時一定要記得把多餘的部分固定夾好。另外，在休旅騎乘時如有使用後座包，記得一定要繫緊固定繩帶，避免使其在騎乘時震動作響。

解決方案

背包類的固定繩帶一定要繫緊不使其振動

進行休旅騎乘時，如照片中這種後座包是擁有大容量又非常實用的工具，這類產品往往為了增加容量且便於分類而設計許多收納空間，每個收納空間都有其獨立的固定繩帶，所以騎乘前別忘了把所有的固定繩帶加以固定繫緊。

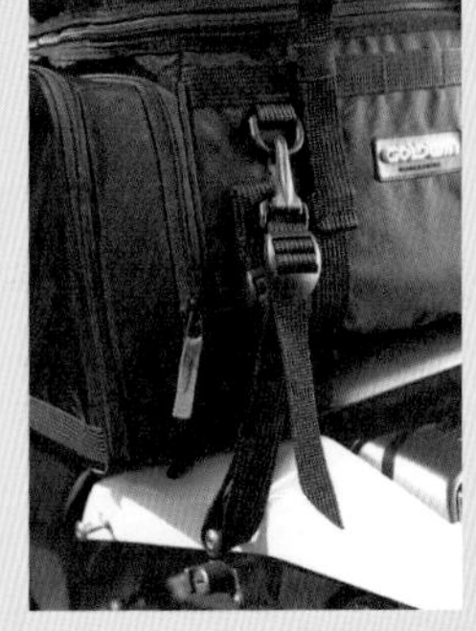

系列叢書

大手騎乘技巧書籍

高手過招：重機疑難雜症諮詢室

作者：根本健　定價：350 元

前 WGP 車手根本健執筆的《高手過招：重機疑難雜症諮詢室》來解答你有關重機的問題！彙整《流行騎士》2014 年到 2016 年「高手過招」連載內容，分為「機構」、「操駕」、「部品」、「雜學」四大單元，從機械原理、操駕技巧、部品保養、旅遊知識到保健秘訣，完整細膩的解答關於大型重機的所有疑問，幫助你化解難題、快樂享受重機人生！

重機操控升級計劃

作者：流行騎士編輯部 / 編

定價：350 元

看別人騎大型重機殺彎帥氣無比，自己騎乘時總覺得哪裡不對勁？跟著流行騎士系列叢書《重機操控升級計畫》從騎姿選擇、轉向操作、磨膝過彎到克服右彎一步步提升操控技巧，享受騎乘的樂趣吧！

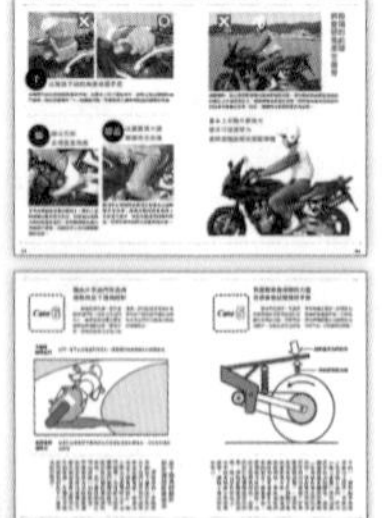

大人的騎乘學堂

作者：流行騎士編輯部 / 編

定價：350 元

摩托車的機械構造與駕馭技巧息息相關，唯有通曉其原理才能發揮性能。本書精心整理 13 項騎乘課題，交叉講解科學原理與應用技巧，讓你一次就開竅。特別附錄街車騎乘道場，上場親身體會才是提升技術的正道！

▶▶ 立即掃描QR CODE ◀◀
進入《流行騎士》Facebook粉絲專頁

TOP RIDER 流行騎士

自由自在的
重機騎旅秘笈

編　　者：流行騎士編輯部
執行編輯：林建勳
文字編輯：程傳瑜
美術編輯：李美玉

發 行 人：王淑媚
社　　長：陳又新
出版發行：菁華出版社
地　　址：台北市 106 延吉街 233 巷 3 號 6 樓
電　　話：(02)2703-6108
發 行 部：黃清泰
訂購電話：(02)2703-6108#230
劃撥帳號：11558748

印　　刷：科樂印刷事業股份有限公司
(02)2223-5783
http://www.kolor.com.tw/site/

定　　價：新台幣 350 元
版　　次：2018 年 1 月初版

ISBN：978-986-96078-1-0
Printed in Taiwan

TOP RIDER
流行騎士系列叢書